巅/峰/对/决/系/列

世界经典航空母舰巅峰对决

军情视点 编

化学工业出版社
·北京·

本书精心选取了第一次世界大战以来世界各国建造的数十种经典航空母舰，按航空母舰类型将其分为若干小组，从建造背景、舰体构造、舰载飞机、自卫武器、动力装置、电子设备等各个方面进行全方位对比介绍，并以图表的形式对每组航空母舰的各项基本参数进行比较。全书文字通俗易懂，每种航空母舰都配有大量精美的图片，包括整体展示图、局部特写图、3D模型图、结构图等。

本书不仅是广大青少年朋友学习军事知识的不二选择，也是军事爱好者收藏的绝佳对象。

图书在版编目 (CIP) 数据

世界经典航空母舰巅峰对决 / 军情视点编. —北京：化学工业出版社，2018.4（2023.1 重印）
（巅峰对决系列）
ISBN 978-7-122-31700-1

Ⅰ. ①世… Ⅱ. ①军… Ⅲ. ①航空母舰—介绍—世界
Ⅳ. ① E925.671

中国版本图书馆 CIP 数据核字（2018）第 047439 号

责任编辑：徐　娟　　　　装帧设计：卢琴辉
责任校对：宋　玮　　　　封面设计：刘丽华

出版发行：化学工业出版社（北京市东城区青年湖南街 13 号　邮政编码 100011）
印　　装：河北京平诚乾印刷有限公司
710mm×1000mm　1/16　印张 14　字数 250 千字　2023 年 1 月北京第 1 版第 2 次印刷

购书咨询：010-64518888　　　　售后服务：010-64518899
网　　址：http：//www.cip.com.cn

定　　价：73.00 元

Contents 目录

Contents 目 录

第1章 航空母舰概述

航空母舰是一种以舰载机为主要武器的大型水面舰艇，可以供舰载机起飞和降落。航空母舰是世界上最庞大、最复杂、威力最强的武器之一，是一个国家综合国力的象征。

1.1 航空母舰的历史

在第一次世界大战（以下简称一战）前，水上飞机首先被用于海上侦察。各国海军都喜欢使用这种飞机，它的降落和起飞能在水面上进行。不过，水上飞机的装载和运输非常不便。最初，水上飞机只能被置于船后，由船只来牵引。一旦遇上恶劣天气，缺少保护的水上飞机就有进水、发生倾覆的危险。

1912年，英国海军把一艘老巡洋舰改装成了世界上第一艘可容纳飞机的船只。后来，英国海军征用了3艘在英吉利海峡营运的渡轮，并把它们全部改装成可以装载水上飞机的军舰，这种船只后来被称为“水上飞机母舰”，它是航空母舰最早的雏形。一战日德兰海战中，英国是唯一拥有舰载水上飞机的参战方。英国军方提出水上侦察机有助战局发展的意见，并要搭配保护它的战斗机，因此，不能再只使用没有飞行甲板、无法供战斗机起飞的水上飞机母舰，必须重新设计另一种新军舰，也就是后来的航空母舰。

1917年，时任英国海军总司令戴维·贝蒂下令将“暴怒”号巡洋舰（“勇敢”级）加装大型飞行甲板改装成航空母舰，并做了一系列的试验。“暴怒”号的外形犹如巡洋舰与航空母舰的结合体（类似原始的航空巡洋舰），前方有多座舰炮炮塔，后方则是长直的甲板，舰载机起飞没有问题，但降落时会受到上层建筑气流影响而十分危险。为了解决这个问题，原先另一艘要建造为航空母舰的远洋邮轮“罗索伯爵”号被下令改装去除掉所有上层建筑，变成全通式甲板，而后被命名为“百眼巨人”号。

1923年，英国建造了“竞技神”号航空母舰，这是英国第一艘专门设计建造的航空母舰，拥有许多现代航空母舰的特点：全通式甲板、封闭式舰艏以及位于右舷的岛式上层建筑。与此同时，日本也开始建造自己的第一艘航空母舰——“凤翔”号，并赶在“竞技神”号之前完工，成为世界上最先服役的专门设计建造的航空母舰。之后，美国也将“朱比特”号运煤船改装为航空母舰，命名为“兰利”号。美国海军在“兰利”号上发展了许多新技术，如弹射器、降落指挥官制度、拦阻网等。

各国摸索出航空母舰的基本形式后，于1936年《华盛顿海军条约》期满失效之际，海军列强又展开了新一轮军备竞赛，英国、美国、日本三国接连建造了一系列的主力航空母舰——舰队航空母舰。在舰载机技术上，日本与美国发展较快，反而英国因为军种恶性竞争（海军航空兵的飞机与飞行员皆由英国空军所提供）而发展迟缓。意大利、苏联受限于海军思想的不同而没有发展航空母舰，前者凭借其地中海位置的优势而认为没有必要特意建造海上的“移动机场”，后者则因为其内战结束不久、海军力量不强而将其作战范围设限于近海。法国因海军航空兵发展迟缓，仍以战列舰和巡洋舰为海军主力，仅尝试将“贝阿恩”号战列舰改装为航空母舰。

第二次世界大战（以下简称二战）中，航空母舰首度被广泛运用。它是一座浮动式的小航空站，携带战斗机以及轰炸机远离国土执行攻击敌方目标的任务。这使得航空母舰可以由空中来攻击陆地以及海上目标，尤其是那些远远超过一般射程之外的目标。舰载机的战斗半径不断改变着海军的战斗理论，交战双方的舰队必须在看不到对方舰船的情况下，互相进行远距离的战斗。这彻底终结了战列舰为海上最强军舰的优势地位。

航空母舰在战争中初建功勋是在1940年11月11日，英国海军的“光辉”号航空母舰出动鱼雷轰炸机编队攻击了塔兰托港内的意大利海军，取得了不小的战果。此举使美国等海军强国意识到航空母舰时代的来临。二战中，航空母舰在太平洋战争战场上起了决定性作用。从日本海军航空母舰偷袭珍珠港，到双方舰队自始至终没有见面的珊瑚海海战，再到运用航空母舰编队进行海上决战的中途岛海战，从此航空母舰取代战列舰成为现代远洋舰队的主干。美国建造了大批“埃塞克斯”级航空母舰，组成的庞大航空母舰编队，成为海战的主角。战争期间，廉价的小型护航航空母舰被大量建造投入到反潜护航作战中。

二战时期美国建造的“约克城”级航空母舰

二战结束后，航空母舰的存在价值遭到质疑，其地位一度降到了最低点。当时，美国拥有世界上规模最大的航空母舰部队，相关科技与使用经验也最为丰富。然而，轴心国战败与核武器的出现促使美国将大量航空母舰封存，其中不乏新造航空母舰。美国及其他一些国家认为，战争将决胜于空军轰炸机投掷的核武器，大量成本所建立的航空母舰部队将会瞬间被消灭。

除了核武器外，喷气式飞机开始普及，令舰载机体积与重量大幅增加，因此美国开始着手设计巨型航空母舰，成为日后“超级航空母舰”的前身。美国海军计划运用巨型航空母舰上的舰载轰炸机来投射核武器，最终研制出了“美国”号航空母舰，然而这一方案遭到了新成立的美国空军的极力反对，“美国”号航空母舰项目随之流产。

正在铺设龙骨的“美国”号航空母舰

“美国”号航空母舰想象图

在20世纪50年代初爆发的局部战争中，美国有大量喷气式舰载机以航空母舰为基地投入战争，令航空母舰的重要性又受到了重新的评价，也让直升机有了新的发挥空间。这一时期，英国研制出诸多航空母舰设计新技术——光学辅助降落装置、蒸汽弹射器与斜角飞行甲板，成为日后大型航空母舰的典范，美国海军也结合上述技术特征建造了“福莱斯特”级航空母舰。此外，随着“鹦鹉螺”号核潜艇的核动力军舰试验的成功，美国海军也开始在航空母舰上使用核动力，第一艘核动力航空母舰“企业”号于1960年下水服役，但由于成本高昂，美国海军终止了后续的核动力航空母舰建造计划，转而继续建造“小鹰”级常规动力航空母舰。

随着核技术的进步，核动力舰艇的建造成本逐年下降，经过慎重考虑后，美国自1975年起开始建造新设计的“尼米兹”级核动力航空母舰，以替换大量旧式航空母舰。随后30年，各艘“尼米兹”级航空母舰接连完工服役。尽管每一艘“尼米兹”级航空母舰与前一艘相比都有所改良，但基本设计始终不变。在此期间，由于核潜艇的出现解决了潜艇加入航空母舰战斗群的速度和续航能力问题，同时对潜通信技术也有了较大进步，因此攻击型核潜艇加入了航空母舰战斗群，与航空母舰、水面舰艇等共同成为航空母舰战斗群的基本编成力量。

与风光无限的美国相比，英国和法国在航空母舰建造和操作方面就显得有些窘迫了。由于经历二战和殖民地纷纷独立，英国国力大减，不得不将航空母舰大量卖给其他国家，这些旧式航空母舰大多是二战期间赶工建造，其设计到了20世纪50年代早已无法应付喷气式舰载机的需求，很快就从其他国家退役。由于国防预算不断缩减，英国甚至一度想完全放弃建造航空母舰，仅仅因为苏联潜艇的威胁与护航所需而建造了“无敌”级轻型航空母舰。

英国建造的“无敌”级航空母舰

“无敌”级航空母舰采用新式的滑跃甲板技术，并搭载垂直/短程起降战斗机与直升机作为主要战力。在1982年的马岛战争中，尽管“无敌”级航空母舰因为没有搭载预警机而造成英军船舰的损失，但还是证明了其存在价值。“无敌”级航空母舰深深影响了其他资源与成本较少的国家的航空母舰设计，意大利、西班牙和泰国等国也建造了类似的轻型航空母舰。这些轻型航空母舰都设有滑跃甲板，也将直升机和垂直/短程起降机作为舰载机。

法国则先从英国与美国租借轻型航空母舰，尔后于20世纪50年代研制了“克莱蒙梭”级中型航空母舰，其服役30多年后又再建造了核动力航空母舰“戴高乐”号。

至于美国在冷战时期的主要竞争对手——苏联，其航空母舰发展之路较为复杂。苏联领导人执着于导弹与核武器，对航空母舰持鄙夷态度并抵制其发展，一直到美军将核打击任务交付给潜艇后，才开始发展搭载反潜直升机的军舰。到了

1964年古巴导弹危机后，苏联领导人才真正意识到航空母舰的价值，并着手建造了“基辅”级航空母舰。“基辅”级航空母舰除了搭载舰载战斗机与反潜直升机外，本身还有强大的对空、对潜、对舰武装，但与西方国家的航空母舰相比，也只能算是拥有大量导弹武器的轻型航空母舰。直到1991年，苏联才出现较为常规的航空母舰，即“库兹涅佐夫”号，该航空母舰采用大型滑跃甲板，仍保有许多导弹武器，与西方设计思维有所不同。

苏联建造的“基辅”级航空母舰

冷战结束后，世界上拥有航空母舰的国家分成自主建造和购入航空母舰的国家，前者包括美国、英国、法国、西班牙、意大利和俄罗斯等，后者包括巴西、印度和泰国等。目前，美国正在建造新一代的核动力航空母舰——“福特”级，英国正在建造“伊丽莎白女王”级常规动力航空母舰，俄罗斯也已对外公布计划中的新式航空母舰——“施托姆”级。

意大利建造的“加富尔”号航空母舰

巴西“圣保罗”号航空母舰

美国“尼米兹”级航空母舰（上）与巴西“圣保罗”号航空母舰（下）

值得一提的是，虽然日本在二战战败后被禁止拥有攻击性舰船，但该国仍野心勃勃地建造了“日向”级和“出云”级等直升机护卫舰，其中“出云”级是日本海上自卫队有史以来建造的最大的作战舰艇，拥有右舷舰岛、全通式飞行甲板等类航空母舰布局，其飞行甲板尺寸甚至超过了欧洲国家的一些轻型航空母舰。

日本建造的“出云”级直升机护卫舰

1.2 航空母舰的类型

航空母舰按所担负的作战任务进行分类，可以分为护航航空母舰、攻击航空母舰、反潜航空母舰和多用途航空母舰。护航航空母舰通常用于执行保护运输船队免受敌方水面舰艇及水下潜艇攻击的护航任务，特点是航速慢、飞机搭载量少，且大部分由货轮等其他用途的船舰改造而来；攻击航空母舰以舰载攻击机、战斗机为主要武器；反潜航空母舰以舰载反潜飞机和反潜直升机为主要武器；多用途航空母舰可搭载多种舰载机，包括攻击机、战斗机、预警机、反潜机、电子作战飞机、运输机、加油机等，兼具攻击航空母舰和反潜航空母舰的功能，能担负攻击、反潜等多种任务。这种分类方法在二战中使用较多，但现代航空母舰一般都是多用途航空母舰，因而这种分类方法已经不再适用。

航空母舰按动力装置进行分类，可分为核动力航空母舰和常规动力航空母舰。前者是以核能为推进动力源的航空母舰，续航力强，具有全天候、全球远洋作战能力；后者是以蒸汽轮机或燃气轮机为基本动力的航空母舰。虽然核动力航空母舰的综合作战能力远胜于常规动力航空母舰，但其建造和运行费用极为惊人，技术要求也相对较高，所以目前世界上仅有美国大量装备核动力航空母舰。由于技术和经费等方面的原因，其他国家的航空母舰通常采用常规动力。

航空母舰按舰载机的性能进行分类，可分为常规起降航空母舰和垂直/短距起降航空母舰。前者是指可以搭载和起降包括传统起降方式固定机翼飞机在内的各种飞机的航空母舰；后者是以舰载垂直/短距起降飞机为主要武器的航空母舰，主要担负攻击和反潜任务，其舰艏通常设有滑跃甲板，舰上没有弹射起飞装置和飞机降落阻拦装置。

由于上述分类方法都有一定的局限性，所以目前最常采用的方法是以排水量大小进行分类，分为大型航空母舰、中型航空母舰和轻型航空母舰（或称小型航空母舰）。大型航空母舰是指满载排水量在60000吨以上的航空母舰，舰载机数量为60～100架，以重量在20～30吨级的常规起降飞机为主，作战范围在800千米～1000千米之间。大型航空母舰多为攻击航空母舰或核动力多用途航空母舰，可进行远洋作战，在全球范围内部署，执行防空、反舰、反潜、预警、侦察及对地攻击任务。

美国“小鹰”级大型航空母舰

中型航空母舰的满载排水量在30000～60000吨，舰载机数量为20～60架，以重量在10～20吨级的常规起降飞机或垂直/短距起降飞机为主，作战范围在400千米～800千米之间。中型航空母舰可作中远海部署，执行舰队防空、反舰、反潜及对地攻击任务。

法国“克莱蒙梭”级中型航空母舰

轻型航空母舰的满载排水量在10000～30000吨，舰载机数量为15～30架，以垂直/短距起降飞机和直升机为主，作战范围在200千米～400千米之间。轻型航空母舰可作近中海部署，执行防空、反舰、反潜、预警等任务。

泰国“查克里·纳吕贝特”号轻型航空母舰

1.3 航空母舰相关名词

■ 舰岛

舰岛也称为岛式上层建筑，它是现代航空母舰外形特征标志之一，与主船体尤其是飞行甲板有着重要的关联，直接影响到舰载机的作业效率。从飞机起降的要求上讲，航空母舰的飞行甲板上空无一物是最理想的，早期处于摸索阶段的全通甲板航空母舰曾经省略过上层建筑，如英国“百眼巨人”号和“暴怒”号，但后来发现这种设计对导航与航空管制不利而作罢。现代航空母舰的上层建筑力求外形简洁，从而减少雷达反射截面积。

在航空母舰的发展历程中，大多数航空母舰的上层建筑均配置于右侧，仅有极少数航空母舰（如日本“飞龙”号）配置于左侧。这是因为大多数飞行员在起飞或进行攻击时习惯往左弯（由于飞行操纵杆为右撇子设计，设置于右侧，若要转弯，飞行员向左拉动远比向右顺手），而且舰载机在降落过程中要逆时针旋转（即左弯）进入环绕航空母舰的环形航线。另外，二战时期大部分战斗机追击轰炸机时也是由右至左。英国正在建造的新一代航空母舰采用了双舰岛设计，前舰岛负责航行，后舰岛负责航空管制，两座舰岛均比单舰岛设计更低矮。

正在装设舰岛的美国海军“福特”号航空母舰

■ 飞行甲板

巨大的飞行甲板是航空母舰外形上最明显的特征，它是航空母舰特有的也是极其重要的分层甲板。陆基飞机如果起飞时速度不足，仅需延长起飞时间，舰载机则完全不同，因为航空母舰飞行甲板的空间有限，舰载机没有多余的跑道来滑行，因此飞行甲板的设计对航空母舰的战斗能力有着至关重要的影响。

在航空母舰发展初期，飞行甲板就是在舰艉处装上一条长直钢板，因跑道长度有限而起飞速度不足，加上飞行甲板末端的上层建筑构造会产生不利于飞行的气流，这种设计很快被摈弃。之后，出现了全通甲板，外观为长直的矩形，拦阻网将甲板分为前后两部分，前段为舰载机起飞区，后段为舰载机降落区。当拦阻网放下时，前后两部分合二为一，舰载机就能从舰艉向前自由测距滑跑起飞。

喷气式飞机时代来临后，以往能够满足螺旋桨飞机起飞的前段跑道长度无法令其起飞，若从后段甲板起飞，则会令其他舰载机无法降落，从而降低起降效率。另外，全通甲板也存在如果降落失败可能会撞毁跑道飞机的问题。有鉴于此，英国率先提出了斜角甲板的设计概念，其优点是降落飞机未能钩住拦阻索时，可马上拉起复飞而不会与前甲板停放的飞机相撞。另外，舰载机起飞和降落可同时进行。时至今日，中大型航空母舰大多采用斜角甲板，舰体前方的直通部分用于飞机起飞，长70～100米，斜角部分位于主甲板左侧，用于飞机降落，长220～270米，两部分夹角6度～13度。而小型航空母舰（轻型航空母舰）由于尺寸较小，无法布置多条跑道和弹射器，加上没有成熟的弹射器技术，因此仍旧采用全通甲板，并结合滑跃甲板的设计。

滑跃甲板也是英国人的发明，它将航空母舰最前方的飞行甲板的仰角提高。这使得飞机一部分的速度转为向上的升力，相较于垂直起飞，这种方法较节省油料。滑跃甲板的成本和技术限制不大，建造相对简单，故障率也较低。不过，以滑跃甲板起飞的舰载机所能携带的武器数量远少于以弹射器起飞的舰载机，严重限制了舰载机的战斗力。此外，对飞行员的技术要求也很高。

英国“伊丽莎白女王”级航空母舰的滑跃甲板

■ 弹射器

弹射器是航空母舰上推动舰载机增大起飞速度、缩短滑跑距离的装置。弹射器最早由英国发明，在二战之前，大部分固定翼飞机弹射器是液压弹射器。20世纪50年代后，出现了蒸汽弹射器。21世纪，美国海军航空母舰开始引入电磁弹射器。

现代弹射器一般以蒸汽作为动力，其管线铺设于飞行甲板下，并在甲板的沟槽上连接一个滑块，舰载机用弹射杆勾住滑块，当弹射器充气完成后，甲板会立起阻挡热蒸汽、保护甲板作业人员的喷流挡板（分为耐热砖和流水冷却式两种，目前新建航空母舰大多采用前者，在不需进行弹射作业的情况下可盖起来成为甲板的一部分），飞机再借由蒸汽的强大推力驱动滑块前进而起飞，多余的蒸汽再于管线末端排出。

美国海军勤务人员正在检修“尼米兹”级航空母舰的蒸汽弹射器

由于蒸汽弹射器造价昂贵，制造和安装技术比较复杂，保养非常费功夫，占用航空母舰空间过大和过重，所以只有极少数国家拥有制造技术。目前，美国拥有C-13型蒸汽弹射器（除供给美国海军使用外，法国海军也有使用），英国拥有BS5型蒸汽弹射器。

目前，美英等国正在研制最新一代航空母舰专用飞机弹射器——电磁弹射器，其中美国已公开宣布研制成功，并且安装在刚刚服役的“福特”号航空母舰上。电磁弹射器的原理类似磁悬浮列车，能有效降低维护和发射成本，并能提升航空母舰自动化程度。电磁弹射器使用一台直线电动机作为动力来源，这是它与传统的蒸汽弹射器最大的不同。

■ 拦阻索

拦阻索是用于吸收着舰飞机动能、缩短着舰滑行距离的装置。拦阻索技术首先由英国发明使用，目前能独立生产拦阻索的国家有英国、美国和俄罗斯等。早期飞机着舰时要由甲板人员上前挂住钩索，之后进步为飞机着舰时会打开下方的拦阻钩来钩住甲板上并排的拦阻索，拦阻索两端连入甲板下的液压制动器，吸收飞机剩余的动能，进而让其在甲板上停下。

美国海军“艾森豪威尔”号航空母舰的勤务人员正在检查拦阻索

■ 拦阻网

拦阻网是让着舰飞机免于意外的一项保险，如果着舰飞机没有挂到拦阻索，拦阻网可以避免飞机撞上甲板停放的飞机或是摔出飞行甲板，也不会毁损机体，还可以调整降落位置。因此，拦阻网的发明大幅提升了飞机的降落效率。与可以重复使用的拦阻索不同，拦阻网使用一次后必须更换。

美国海军“小鹰”级航空母舰的拦阻网

■ 升降机

升降机是将舰载机自机库运输至飞行甲板的装置，早期配置于全通甲板的舰身中线的前、中或后方，通常为2～3座，也是甲板上最脆弱的部分，如果升降机发生故障或是遭到破坏会导致舰载机无法起降，进而丧失战斗力。此外，炸弹也可能击穿升降机，直接进入机库中，而机库又与堆积弹药与燃料的隔舱接近，一旦引爆将导致严重的后果。后来，美国海军将升降机位置调整到侧舷，除了不妨碍起降作业以及安全性高外，还有飞机翼展超过升降机宽度时也能使用的优点。现代大型航空母舰的升降机宽约20米、深达15米，可负重100吨，可在1分钟内将一架舰载机从机库运至飞行甲板。

美国海军“艾森豪威尔”号航空母舰的升降机

■ 燃气轮机

燃气轮机是以连续流动的气体为工质带动叶轮高速旋转，将燃料的能量转变为有用功的内燃式动力机械，是一种旋转叶轮式热力发动机。英国“无敌”级航空母舰、西班牙“阿斯图里亚斯亲王”级航空母舰等均使用燃气轮机。

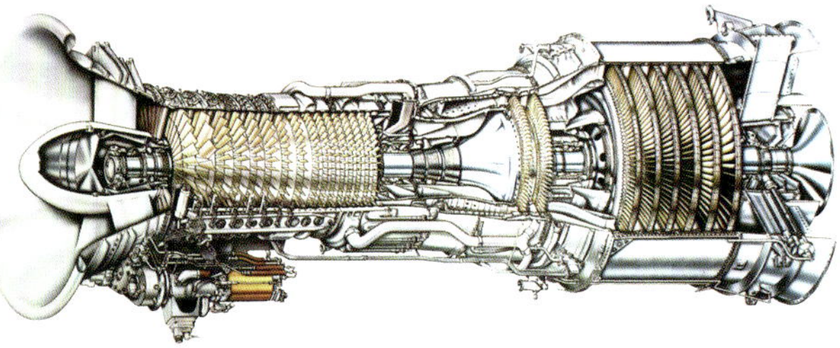

通用电气公司LM2500燃气轮机结构图

燃气轮机的第一个优势是功率密度极大。一般情况下，同等功率的燃气轮机体积是柴油机的1/5～1/3，是蒸汽轮机的1/10～1/5。燃气轮机本身精巧的连续转动热力学循环结构决定其体积小、功率大，非常适合军舰分舱小、航速要求高的特点。

燃气轮机的第二个优势是启动速度快。虽然燃气轮机的转速是三种常规动力系统中最高的，但是由于整个转子十分轻巧，在启动机的帮助下在1～2分钟就可以达到最高转速。而柴油机由于转子运动源于活塞的往复，加速较慢，蒸汽轮机更是缓慢，整个系统达到最高功率输出可能需要长达1小时的时间。对于航空母舰的战时出动和反潜作战时加减速性能来说，启动速度有着直接的影响。

燃气轮机第三个优势是噪声低频分量很低。由于燃气轮机本身处于高速稳定转动当中，产生的噪声更多是高频啸声。而柴油机的活塞往复产生了大量低频机械振动噪声，恰好迎合了海洋容易传播低频噪声的特点，导致航空母舰容易被敌方声呐探测。

燃气轮机也存在不少缺点。由于它工作时需要吸入大量的新鲜空气，同时排放出大量的废气，因此排烟系统会占据大量空间，简单来说就是需要较蒸汽轮机更大的烟囱，从而导致其余设备在空间和结构上的局限性。

使用燃气轮机的西班牙“阿斯图里亚斯亲王”号航空母舰

■ 蒸汽轮机

蒸汽轮机是一种撷取（将水加热后形成的）蒸汽之动能转换为涡轮转动之动能的机械，它将蒸汽通过喷嘴喷到装有叶片的转轮上，使其旋转，带动推进器推进航空母舰。与燃气轮机和柴油机相比，蒸汽轮机有体积、重量重、热效率低、加减速能力差等缺点，但也有着单机功率大、润滑油消耗量小、运行平稳、噪声和振动小等优势。

常规动力航空母舰的蒸汽轮机依靠重油锅炉来提供蒸汽，消耗的是重油，即原油提取汽油、柴油后的剩余重质油，其特点是分子量大、黏度高。而核动力航空母舰是依靠核燃料燃烧发出的热将水加热成蒸汽，推动蒸汽轮机做功。

使用蒸汽轮机的美国“福莱斯特”级航空母舰

核反应堆

核反应堆，又称为原子能反应堆，是能维持可控自持链式核裂变反应，以实现核能利用的装置。由于核能的能量密度大，只需要少量核燃料就能运行很长时间，这在军事上有很大优越性。对于航空母舰来说，核反应堆是一种具有独特优越性的动力，一次装料后可以长时间供能。核反应堆分为压水式、沸水式以及游泳池式，现在大部分使用压水式。核动力航空母舰是以核反应堆为动力装置的航空母舰。与常规动力航空母舰相比，核动力航空母舰的优势极为显著，它拥有前者难以比拟的航程，以美国海军“尼米兹”级航空母舰为例，其可连续航行约20年（单以舰上物资来看，自给力有90天之久），1克铀可产生2吨重油燃烧出来的热量，能量转换效率极高。核动力航空母舰在其他方面也有许多优势。它去除了以往设计师需费功夫排设的烟囱与排气道等诸多管线，后者总是占去舰上许多宝贵的空间，除了令舰体本身强度降低外，也让排出的废气腐蚀了设备与伤害了舰员的健康，突出的烟囱也增加了航空母舰雷达反射截面积，其排出热流多少也会危及到飞机的降落，同时容易成为红外线制导导弹的目标。此外，暴露在外的排气道还会让航空母舰的“三防”性能大打折扣。

核动力航空母舰可制造大量的淡水和充沛的电能，可用于空调及其他电器，改善舰员的生活环境。由于没有管线和储存油料的舱房，省下的空间可装载更多的物资（如航空燃油、补给品、炸弹）、人员起居空间变得更大、自给战斗能力更久。不过，核反应堆造价极高，远非一般国家所能承受。目前，世界上只有美国海军大量建造核动力航空母舰。除美国外，目前世界上只有法国还拥有一艘核动力航空母舰。

美国建造的“尼米兹”级核动力航空母舰

第2章 核动力航空母舰巅峰对决

核动力航空母舰是以核反应堆为动力装置的航空母舰。依靠核动力航空母舰，一个国家可以在远离其国土的地方、不依靠当地机场情况下对别国施加军事压力和进行作战。不过，目前世界上有能力建造和维持核动力航空母舰的国家屈指可数，除美国外，便只有法国拥有一艘核动力航空母舰。

2.1 横空出世：美国“企业”号 VS 法国“戴高乐”号

美国是最早发展航空母舰的国家之一，它对这个革命性舰种的关注几乎与航空母舰的先驱者英国、日本同步。二战后，美国在航空母舰的建造和运用上一直走在世界前列。20世纪50年代后期，美国开始建造世界上第一艘核动力航空母舰“企业”（Enterprise）号。该舰在世界航空母舰发展史上具有里程碑意义，核动力装置使航空母舰这个海上巨无霸拥有更大的机动性和惊人的续航力。不过，核动力航空母舰的建造技术相当复杂，造价也非常昂贵。除美国外，目前世界上只有法国拥有核动力航空母舰，但也只有一艘“戴高乐”（Char les de Gaulle）号，无法像美国一样大量建造。

“企业”号航空母舰3D模型图

“戴高乐”号航空母舰3D模型图

■ 基本参数对比

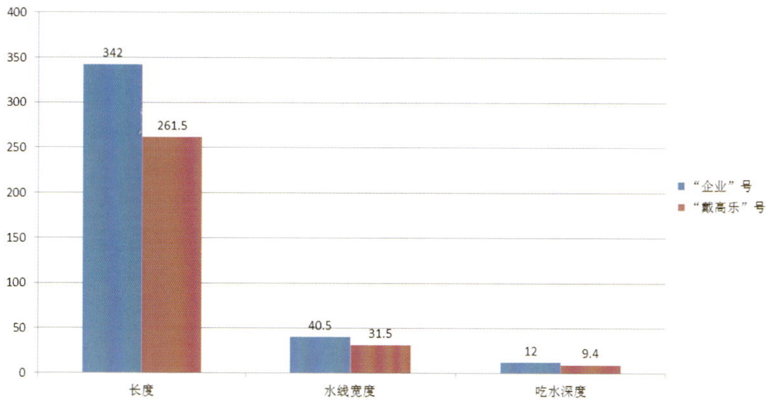

舰体尺寸对比（单位：米）

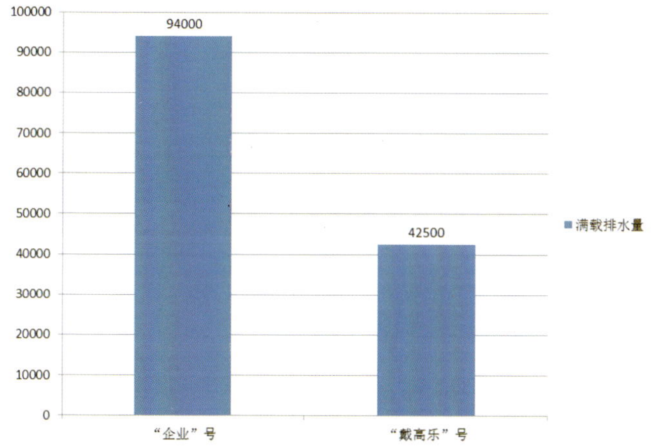

满载排水量对比（单位：吨）

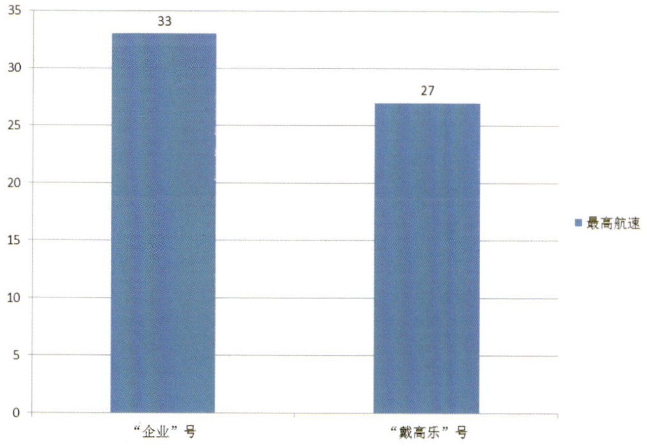

最高航速对比（单位：节）

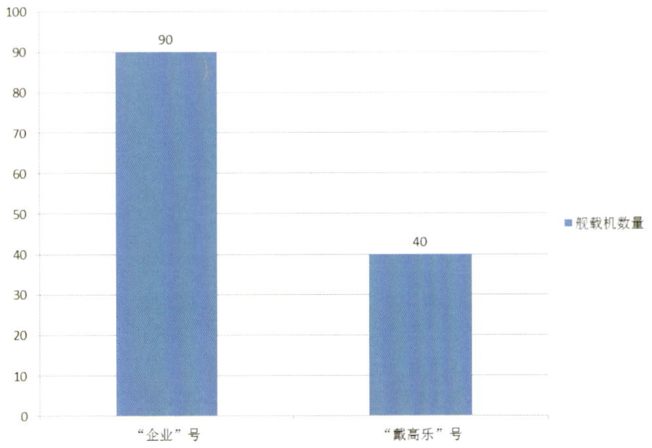

舰载机数量对比（单位：架）

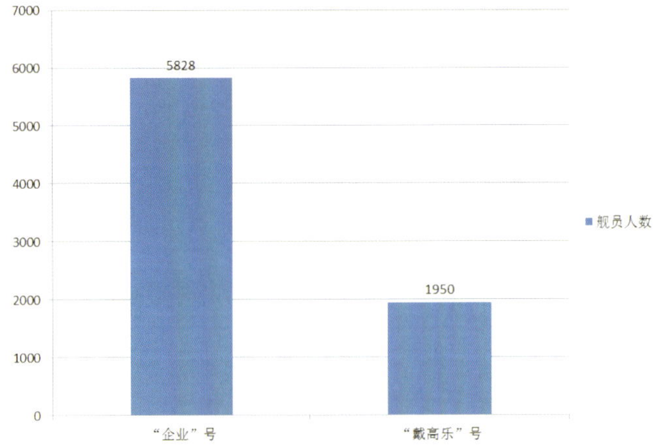

舰员人数对比（单位：人）

■ 建造背景概述

“企业”号航空母舰

1954年9月30日，美国第一艘核潜艇“鹦鹉螺”号正式服役的消息轰动全球。随后，美国开始研制核动力水面舰艇。1957年12月，美国开始建造“长滩”号核动力巡洋舰。1958年2月4日，纽波特纽斯造船厂开始建造“企业”号航空母舰（CVN-65）。1960年9月24日，“企业”号航空母舰下水，并于1962年1月正式服役，母港为弗吉尼亚州诺福克。该级舰原本打算建造6艘，但由于当时核动力技术不成熟、成本昂贵，导致它的造价极高，剩下的订单全部取消，转而建造“小鹰”级常规动力航空母舰替代空缺。

"企业"号航空母舰

"戴高乐"号航空母舰

20世纪70年代中期，法国开始计划建造下一代航空母舰，以取代"克莱蒙梭"级常规动力航空母舰。在最早立项时，法国海军只希望建造一艘常规动力航空母舰，但随着核动力在美国海军和苏联海军中的普遍应用（不过苏联并没有真正建造出核动力航空母舰），法国海军也不甘落后，决定自主建造核动力航空母舰。新舰的建造计划由于法国政府的改选而一再延后，直到1986年2月才由法国国防部长签署了建造命令。在法国武器装备、技术部门以及法国原子能委员会的协助下，法国船舶建造局终于完成了"戴高乐"号航空母舰的设计工作，并在1987年11月24日切割第一块钢板，1989年4月铺设龙骨。由于冷战结束和法国财政困难等原因，"戴高乐"号航空母舰的工期一再延误，直到1994年5月时才下水。2001年5月，"戴高乐"号航空母舰正式服役，母港为法国土伦。

"戴高乐"号航空母舰在港口中航行

传统上，法国海军会采取同时拥有两艘航空母舰的编制，以确保纵使在其中一艘进厂维修时，还有另一艘可以值勤。然而，由于“戴高乐”号航空母舰的造价过于昂贵，法国政府并没有兴建另一艘同级舰。相比之下，截至2017年底美国已经先后建造了12艘核动力航空母舰（“企业”号、10艘“尼米兹”级、1艘“福特”级），其中“企业”号航空母舰已于2012年12月退役。

舰体构造对比

“企业”号航空母舰

为了获得更高的机动性，“企业”号航空母舰采用了类似巡洋舰造型的船壳设计方案，这让它成为世界上舰身最长的航空母舰。该舰采用封闭式飞行甲板，从舰底至飞行甲板形成整体箱形结构。飞行甲板经过特别强化，厚达50毫米，并在关键部位加装装甲。水下部分的舷侧装甲厚达150毫米，并设有多层防雷隔舱。该舰的机库为封闭式，长223.1米，宽29.3米，高7.6米。在斜直两段甲板上分别设有2座C-13蒸汽弹射器，斜角甲板上设有4道Mk 7拦阻索和1道拦阻网，升降机为右舷3部，左舷1部。

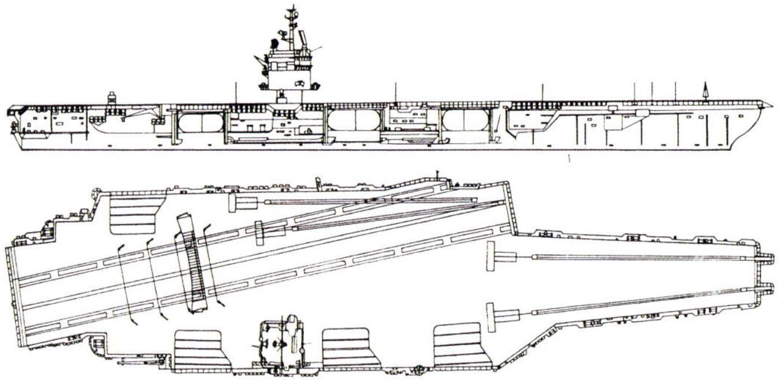

“企业”号航空母舰结构图

“戴高乐”号航空母舰

受限于法国船厂、船坞设施的尺寸，“戴高乐”号航空母舰的水线长度与宽度都与“克莱蒙梭”级航空母舰相仿，主要是靠着增加飞行甲板的外扩来增加可用面积。与美国的核动力航空母舰一样，“戴高乐”号航空母舰也采用全通式斜角飞行甲板，而不采用欧洲航空母舰常见的滑跃甲板设计。由于吨位不到“企业”号航空母舰的一半，舰体尺寸也远小于“企业”号航空母舰，所以“戴高乐”号航空母舰仅装有2座蒸汽弹射器。“戴高乐”号航空母舰在设计时考虑到了隐身性能，舰体设计十分强调防护能力。该舰拥有完全符合北约标准的核生化防护能力，舰上绝大部分舱室都采用气密式结构。

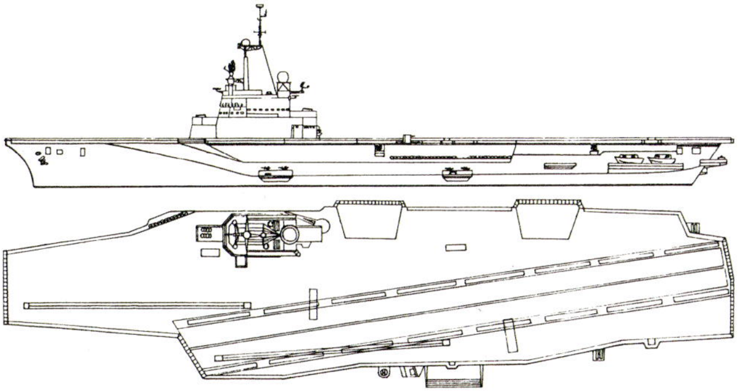

"戴高乐"号航空母舰结构图

舰载飞机对比

"企业"号航空母舰

"企业"号航空母舰最多可以搭载90架舰载机，正常情况下搭载60架舰载机，曾搭载的机型包括F-14"雄猫"战斗机、F/A-18"大黄蜂"战斗/攻击机、EA-18G"咆哮者"电子战飞机、E-2C"鹰眼"预警机、S-3"维京"反潜机、C-2"灰狗"运输机、SH-3"海王"直升机、SH-60"海鹰"直升机等。"企业"号航空母舰的每部升降机一次可装载2架飞机，运行一次只需25秒。

"企业"号航空母舰搭载的F/A-18"大黄蜂"战斗/攻击机准备降落

"戴高乐"号航空母舰

"戴高乐"号航空母舰最多能容纳40架舰载机，正常编制包括24架"阵风"M战斗机（必要时可增至30架以上）、4架E-2预警机，以及5～6架直升机（AS 365"海豚"直升机、SA 316"云雀"Ⅲ直升机、NH90直升机），在舰载机数量和种类上均不如"企业"号航空母舰。"戴高乐"号航空母舰的2座蒸汽弹射器交互使用时，每30秒就可让1架舰载机起飞，并在12分钟内让20架舰载机降落。

“戴高乐”号航空母舰搭载的“阵风”M战斗机

自卫武器对比

“企业”号航空母舰

由于建造成本高昂且严重超支，为了节约经费，“企业”号航空母舰服役初期没有配备任何自卫武器。之后，该舰陆续加装或改装了多种自卫武器，到服役末期时的自卫武器为2座Mk 29“海麻雀”防空导弹发射装置、2座RIM-116“拉姆”防空导弹发射装置和2座Mk 15“密集阵”近程防御武器系统。其中，“海麻雀”防空导弹是一种全天候近程、低空舰载防空导弹武器系统，主要用于对付低空飞机、直升机及反舰导弹，而“拉姆”防空导弹是一种以红外线与被动雷达整合导引的轻型点防御舰对空导弹，用来拦截巡弋飞行状态的反舰导弹与其他具有威胁性的飞行器。

“企业”号航空母舰后方视角

“戴高乐”号航空母舰

“戴高乐”号航空母舰仅配备近程防空自卫武器，最主要的装备是由ARABEL相控阵雷达以及垂直发射阿斯特（Aster）-15近程防空导弹组成的SAAM/

F防空系统。舰上共有4组八联装席尔瓦A-43发射模块（2组位于右舷前段停机坪外侧，2组位于左舷飞行甲板中段外侧），装填32枚阿斯特-15导弹。除了SAAM/F防空系统外，“戴高乐”号航空母舰还有2座六联装萨德拉尔近程防空导弹发射装置以及8门20毫米机炮。

“戴高乐”号航空母舰发射“阿斯特”15导弹

动力装置对比

“企业”号航空母舰

“企业”号航空母舰采用8座西屋公司生产的A2W压水反应堆，驱动4台通用电气公司生产的蒸汽轮机和32个热交换器，动力装置总功率为210 兆瓦，航速超过33节。这种设计十分浪费空间，导致“企业”号舰身中段几乎被轮机设备占满。全舰总发电量为20000千瓦，此外还备有4台应急柴油辅助发电机。“企业”号航空母舰第一次更换燃料是在服役3年后，此间该舰航行207000海里，并于1964年进行了总航程30000海里的无补给环球航行。

高速航行的“企业”号航空母舰

“戴高乐”号航空母舰

与“企业”号航空母舰相比，“戴高乐”号航空母舰核动力装置更不成熟。为了节省经费，“戴高乐”号航空母舰沿用2座与法国“凯旋”级弹道导弹核潜艇相同的K15核反应堆，但却造成了“戴高乐”号航空母舰性能上的重大缺憾——动力不足，总功率仅150兆瓦，航速太慢。在海试中，“戴高乐”号航空母舰跑出的最高航速仅25节，但法国坚称该舰拥有27节最高航速的实力。为了制造足够的甲板风力，让舰载机在无风带也能顺利起飞，现代化常规动力航空母舰多半拥有30节以上的最高航速。幸运的是，“戴高乐”号航空母舰配备的美制C-13蒸汽弹射器性能强劲，足以让重达22吨的舰载机弹射升空，多少能弥补航速不足的缺憾。“戴高乐”号航空母舰每装填一次核燃料，能在海上运作约7年半时间。自1999年开始试航起，该舰的核动力装置便故障不断。2000年，2座核反应堆甚至出现了无法冷却的危险。

航行中的“戴高乐”号航空母舰

■ 电子设备对比

“企业”号航空母舰

为了配合相控阵雷达，“企业”号航空母舰拥有独特的结构紧凑的方形舰岛，在舰岛的各面都能安装平面列阵雷达的扁形天线。该舰搭载了当时最先进的相控阵雷达技术，能比传统旋转式雷达追踪更多空中目标，1个圆形天线阵和4个平面天线阵能有效探测360度范围。“企业”号航空母舰配备了1部AN/SPS-48E对空搜索雷达、1部AN/SPS-49(V)5对空搜索雷达、1部Mk 23 TAS对空搜索雷达、1部AN/SPS-67对海搜索雷达、1部AN/SPS-64(V)9飞机进场控制雷达、1部AN/SPN-41(V)9导航雷达、1部AN/URN-25“塔康”导航系统、3部Mk 91导弹发射火控系统、6部Mk 95火控雷达等电子设备。

“企业”号航空母舰的空中交通控制中心

“戴高乐”号航空母舰

“戴高乐”号航空母舰也拥有先进的作战系统以及侦测/电子战系统。作战系统方面，该舰使用的是法国汤姆森CSF公司新型的Senit 8系统，能同时追踪2000个目标，并全自动连接所有侦测装备与武装进行接战。其他电子装备包括1部DRBV-26D长程对空搜索雷达、1部DRBV-15C“海虎”E/F频平面搜索雷达、2部雷卡1229 型DRBN-34A导航雷达、2部萨基姆Vigy-105光电侦测仪以及2部“吸血鬼”红外线侦搜系统等。

“戴高乐”号航空母舰右舷视角

2.2 史无前例：美国“尼米兹”级 VS 美国“福特”级

“尼米兹”级航空母舰是美国继“企业”号航空母舰之后建造的第二代核动力航空母舰，其满载排水量史无前例地突破了10万吨大关。自1975年服役以来，“尼米兹”级航空母舰一直是美国海军乃至全世界排水量最大的军舰，综合作战能力在同类舰艇中首屈一指。21世纪初，美国开始建造新一代核动力航空母舰“福特”级，拥有许多引领潮流的先进设计，作战能力大幅提升，其满载排水量也超过“尼米兹”级航空母舰成为新的世界纪录。

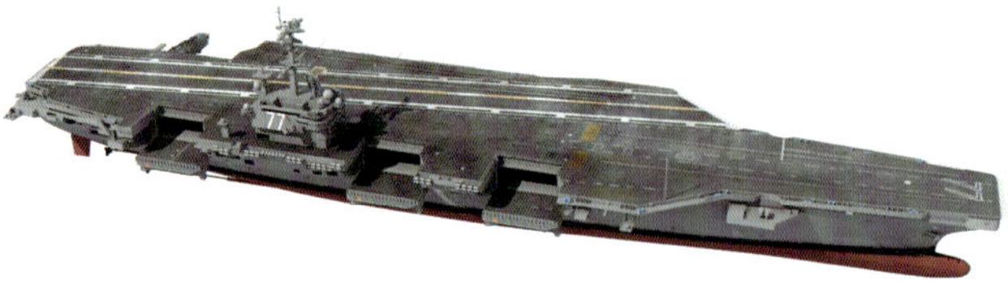

"尼米兹"级航空母舰3D模型图

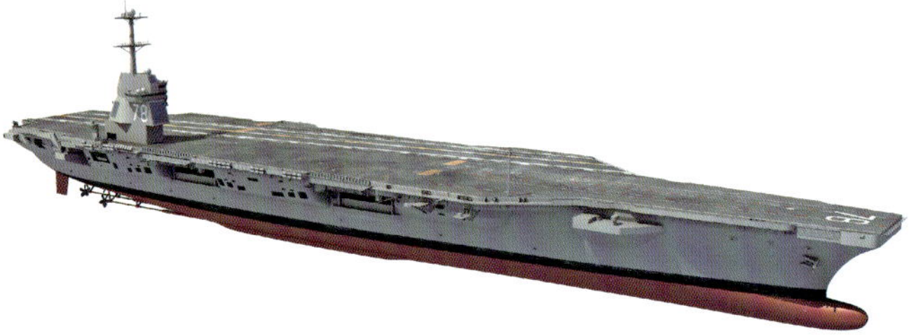

"福特"级航空母舰3D模型图

■ 基本参数对比

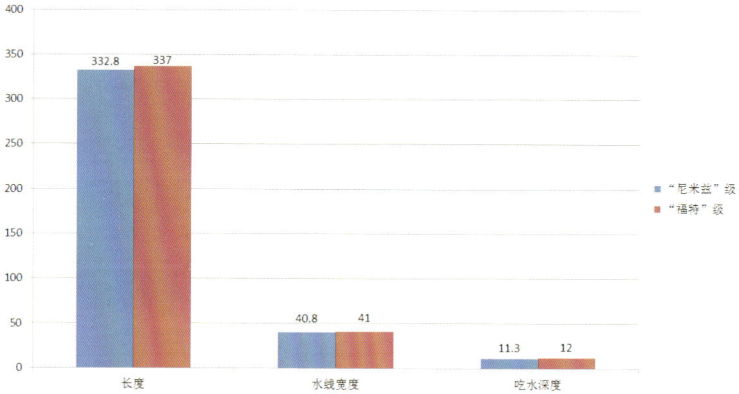

舰体尺寸对比（单位：米）

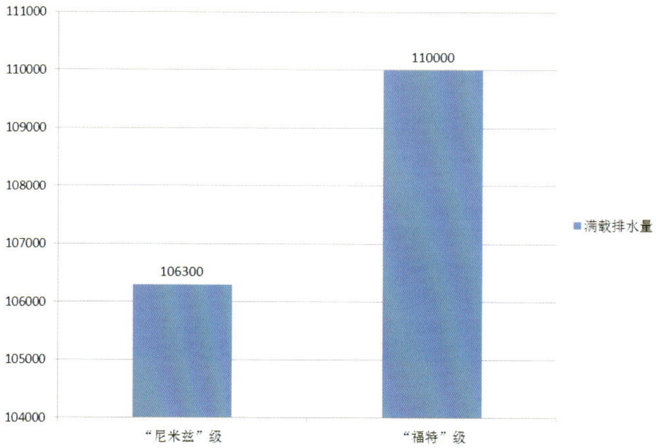

满载排水量对比（单位：吨）

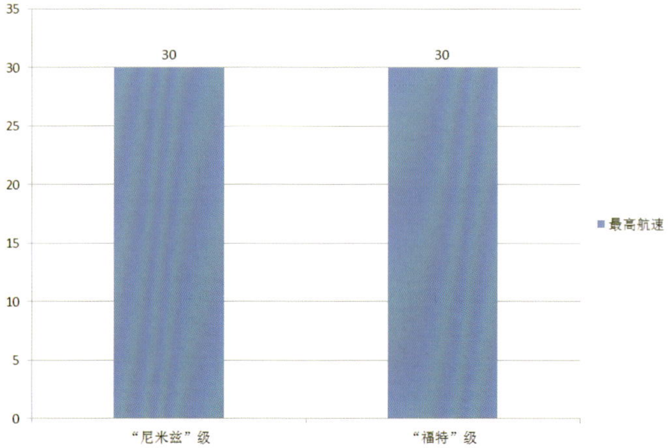

最高航速对比（单位：节）

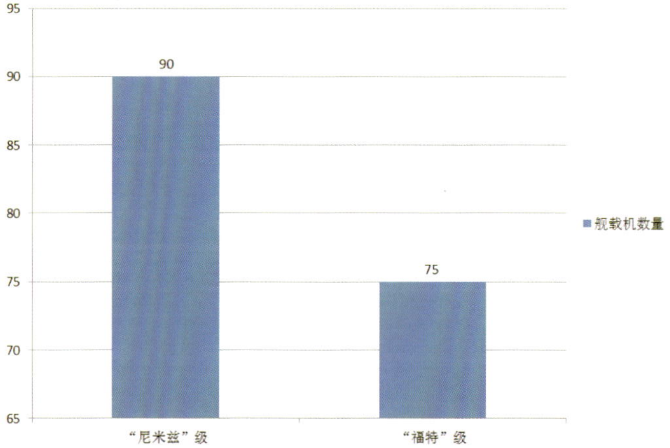

舰载机数量对比（单位：架）

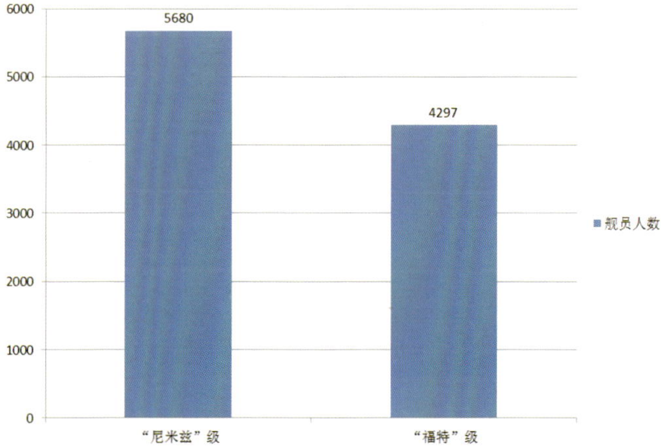

舰员人数对比（单位：人）

建造背景概述

“尼米兹”级航空母舰

1961年，美国海军第一艘核动力航空母舰“企业”号（CVN-65）服役后，由于其造价太过昂贵，美国一度停止建造核动力航空母舰。直到1965年越南战争爆发以后，美国国防部才意识到核动力航空母舰无与伦比的持续作战能力以及寿命周期成本效益。1968年6月，美国开始建造新一级核动力航空母舰，即“尼米兹”级航空母舰。该级舰一共建造了10艘，前三艘（“尼米兹”号、“艾森豪威尔”号、“卡尔·文森”号）和后七艘（“罗斯福”号、“林肯”号、“华盛顿”号、“斯坦尼斯”号、“杜鲁门”号、“里根”号、“布什”号）的规格略有不同，因此也有人将后七艘称为“罗斯福”级。不过，美国海军对这两种舰只构型并不做区别，一律称为“尼米兹”级。

1975年，“尼米兹”级航空母舰的首舰“尼米兹”号（CVN-68）开始服役。1996年，八号舰“杜鲁门”号（CVN-75）下水。2009年1月，“尼米兹”级航空母舰的十号舰“布什”号（CVN-77）开始服役。

以“尼米兹”号航空母舰为核心的航空母舰战斗群

“福特”级航空母舰

1996年，美国海军开始研究“尼米兹”级航空母舰的后继项目，最初称为CVNX项目，后改为CVN-21项目。该项目曾有不少十分前卫、与现今航空母舰完全不同的构型，不过考虑到成本、风险与实用性，美国海军最后还是选择由“小鹰”级航空母舰到“尼米兹”级航空母舰一脉相承的传统构型进行改良。2007年1月，美国海军将新一代航空母舰的首舰正式命名为“福特”号（CVN-78）。“福特”号航空母舰在2009年11月铺设龙骨。

2013年10月，“福特”号航空母舰举行下水仪式，当时邀请了福特总统的女儿苏珊·福特按下注水的启动按钮。2017年7月，“福特”号航空母舰正式服役。“福特”级航空母舰的二号舰“肯尼迪”号（CVN-79）于2015年8月开始建造，预计2020年下水，2022年开始服役。三号舰“企业”号（CVN-80）及其他同级舰计划于2020年后陆续开始建造，总建造数量计划为10艘，最终完全取代“尼米兹”级航空母舰。“福特”级航空母舰是美国海军有史以来造价最贵的军舰，前三艘预计耗资360亿美元，其中317.5亿美元为建造经费，43.3亿美元是研发经费。

“福特”级航空母舰

■ 舰体构造对比

“尼米兹”级航空母舰

“尼米兹”级航空母舰采用封闭式飞机甲板，机库甲板以下的船体是整体的水密结构，由内、外两层壳体组成。机库甲板以上共分9层，飞行甲板以下为4层，飞行甲板上的岛式上层建筑共分5层。“尼米兹”级航空母舰的斜角飞行甲板长238米，斜角甲板与舰体中心线夹角为9.5度，比先前几型美国航空母舰稍低，理论上能让舰艏进行起飞作业的同时，由斜角甲板区进行降落回收。

“尼米兹”级航空母舰的防护设计相当优越，抵抗战损的能力较强。该级舰看重防护与损害管制能力，甲板与舰体采用高强度高张力钢板以提升存活率，从舰底到飞行甲板都采用双层舰壳，内、外层舰壳之间以X形构造连接，外层舰壳与舰壳间的X形构造能吸收敌方武器命中时产生的冲击能量，降低对舰体内部的破坏。内层舰壳在重要舱室部位设有76～127毫米不等的钢质装甲，并构成一个完整的箱型结构，舰体划分了2000多个水密舱区，舰内总共设有23道横向水密隔舱壁与10道防火隔舱壁，水线以下有4道纵向防雷舱壁，并大量装备先进灭火系统。

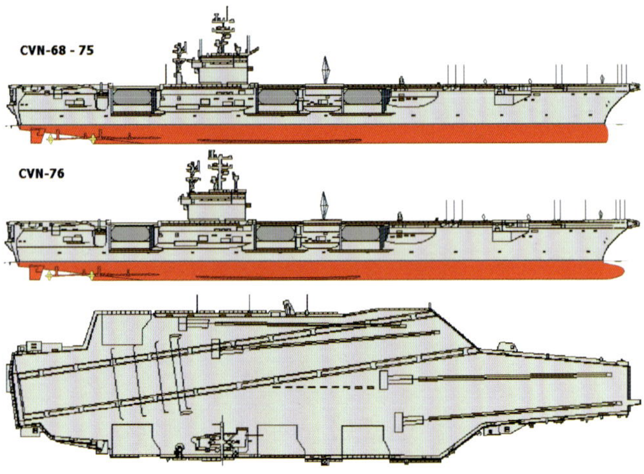

“尼米兹”级航空母舰结构图

“福特”级航空母舰

与“尼米兹”级航空母舰相比，“福特”级航空母舰有3个重点改良方向，包括全面提升作战能力、改善官兵在舰上的生活品质以及降低成本。“福特”级航空母舰的舰体设计更加紧凑，并且具备隐形能力。该级舰有2座机库、3座升降机，配合加大的飞行甲板，能够大幅提升战机出击率。“福特”级航空母舰的舰员舱也有所改进，每个住舱都配有卫生间，舰员生活空间也更私密。由于“福特”级航空母舰的整体自动化程度较“尼米兹”级航空母舰大为增加，所以人力需求大大降低。

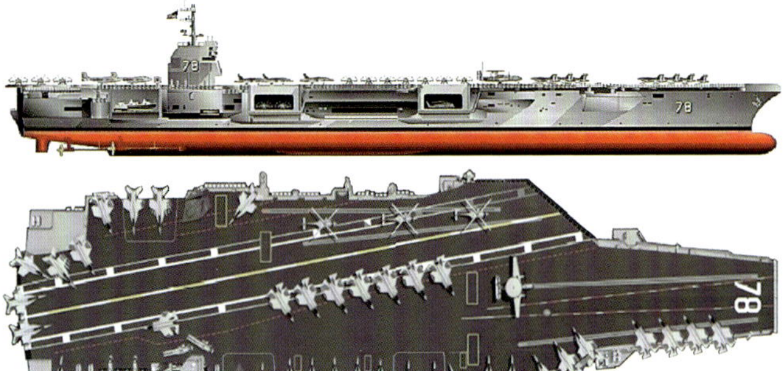

“福特”级航空母舰结构图

■ 舰载飞机对比

“尼米兹”级航空母舰

“尼米兹”级航空母舰可以搭载90架舰载机，均是美国海军目前最先进的舰载机型，包括F/A-18E/F“超级大黄蜂”战斗/攻击机、F/A-18C“大黄蜂”战斗/攻击机、EA-18G“咆哮者”电子战飞机、E-2C“鹰眼”预警机、SH-60F“海鹰”直升机、C-2“灰狗”运输机等。“尼米兹”级航空母舰装有4座升降机、4座蒸汽弹射器和4条拦阻索，在作战条件下，理论上4座蒸汽弹射器能以平均每分钟2架的速率将所有舰载机弹射升空，不过由于蒸汽弹射器会消耗推进系统产生的蒸汽，连续高速弹射8架舰载机之后，“尼米兹”级航空母舰的最高航速会从30节降至22节，必须暂停弹射作业等待锅炉蒸汽压力恢复。

“林肯”号航空母舰及其舰载机编队在阿拉伯海执行任务

“福特”级航空母舰

“福特”级航空母舰可以搭载75架舰载机，计划搭载的机型有F-35C“闪电”Ⅱ战斗机、F/A-18E/F“超级大黄蜂”战斗/攻击机、EA-18G“咆哮者”电子作战飞机、E-2D“鹰眼”预警机、MH-60R/S“海鹰”直升机、联合无人空战系统（J-UCAS）等。尽管“福特”级航空母舰的舰载机数量有所减少，但舰载机的作战性能有所加强。“福特”级航空母舰配备了4座电磁弹射系统（Electromagnetic Aircraft Launch System，EMALS）和先进飞机回收系统（含3道拦阻索和1道拦阻网）。与蒸汽弹射器相比，电磁弹射器不需要蒸汽来驱动活塞而是用电来驱动，其构造简单，体积更小，操作人数也大幅减少。最重要的是，电磁弹射器的弹射力度可以控制，甚至能够弹射无人机。因此，“福特”级航空母舰的电磁弹射系统和先进飞机回收系统，比“尼米兹”级航空母舰的传统蒸汽弹射器和拦阻索的效率更高。

F-35C“闪电”Ⅱ战斗机

■ 自卫武器对比

“尼米兹”级航空母舰

前两艘“尼米兹”级航空母舰最初配备了3套点防御导弹系统（BPDMS），每套由一座八联装Mk 25防空导弹发射器以及一个由人工操作的Mk 71雷达/光学瞄准平台构成。后续舰改用3套改良型点防御导弹系统（IPDMS），每套由一座八联装Mk 29轻量化防空导弹发射器和Mk 91火控雷达组成，另外还加装了4座Mk 15“密集阵”近程防御武器系统。前两艘“尼米兹”级航空母舰在翻修时也换装了改良型点防御导弹系统、Mk 91火控雷达和Mk 15“密集阵”近程防御武器系统，但Mk 15“密集阵”近程防御武器系统只装了3座。

“尼米兹”级航空母舰的八联装Mk 29轻量化防空导弹发射器

“福特”级航空母舰

第一批“福特”级航空母舰的自卫武器包括3座Mk 15 Block 1B“密集阵”近

程防御武器系统、2座RIM-116“拉姆”近程防空导弹发射装置、2座RIM-162改进型“海麻雀”防空导弹发射装置和4挺12.7毫米M2重机枪等。未来“福特”级航空母舰的武器系统可能会朝向电磁炮甚至激光炮的方向发展，而“福特”级航空母舰极高的电力化程度将为这类高能武器的发展提供良好的先决条件。电磁炮是利用电磁发射技术制成的一种先进动能杀伤武器，与传统火炮将火药燃气压力作用于弹丸不同，电磁炮是利用电磁系统中电磁场产生的洛伦兹力来对金属炮弹进行加速，使其达到打击目标所需的动能，可大大提高弹丸的速度和射程。

“福特”级航空母舰侧前方仰视图

动力装置对比

“尼米兹”级航空母舰

“尼米兹”级航空母舰的动力装置为2座A4W核反应堆和4台蒸汽轮机，总功率为194兆瓦，低于“企业”号航空母舰的210兆瓦。加上“尼米兹”级航空母舰的船型比“企业”号航空母舰稍宽，导致阻力增加，使得“尼米兹”级航空母舰的最高航速降至30节，低于“企业”号航空母舰的33节。不过，由于“尼米兹”级航空母舰的蒸汽弹射器功率强劲，对于利用全速航行制造甲板风的需要也降低不少，因此最大航速的降低并不影响舰载机起飞性能。此外，A4W核反应堆更换铀燃料棒的频率也比A2W核反应堆（“企业”号航空母舰使用的核反应堆）更低，达到13年，具有更好的寿命周期成本效益。为了预防核推进系统失效，“尼米兹”级航空母舰的4个大轴各配备一个功率8000千瓦的柴油机当作应急主机。由于核反应堆数量大幅减少，“尼米兹”级航空母舰腾出了更多舰内空间来搭载航空燃油与弹药。因此，“尼米兹”级航空母舰的设计虽然稍微牺牲了航速，但整体航空作业能量提高不少，堪称十分成功的设计。

航行中的“尼米兹”级航空母舰

“福特”级航空母舰

“福特”级航空母舰继承了“尼米兹”级航空母舰在动力系统配置方面的优点，并采用了新型A1B核反应堆，功率较“尼米兹”级航空母舰增加25%以上，同时配备13500伏输配电系统，供电能力高达20万千瓦，几乎是“尼米兹”级航空母舰的3倍。由于有充裕的电力，“福特”级航空母舰成为第一种所有机房都设有冷气空调的舰艇，提高了操作人员的舒适性，并降低了机房内设备的维修保养需求。此外，A1B核反应堆的铀燃料棒使用寿命长达50年，可以使“福特”级航空母舰在服役期间的大部分时间都保持正常的动力功率，不需要回到船坞更换铀燃料棒，从而增加了寿命周期内的执勤时间。

航行中的“福特”级航空母舰

电子设备对比

“尼米兹”级航空母舰

“尼米兹”级航空母舰装有完整的海军战术数据系统（NTDS）以及反潜目标鉴定分析中心（ASCAC）。反潜目标鉴定分析中心可迅速让航空母舰本身、护航舰艇快速分享彼此获得的资料。侦测方面，“尼米兹”级航空母舰的舰桥顶部设有一部AN/SPS-48E三维对空搜索雷达，上层建筑后方设有一座独立桅杆，顶部装置一部AN/SPS-49长程对空搜索雷达，主桅杆顶部设有一部AN/SPQ-9A追踪雷达。

“尼米兹”级航空母的舰岛式上层建筑

“福特”级航空母舰

“福特”级航空母舰大量采用先进的侦测、电子战系统以及C4I（C4代表指挥、控制、通信、计算机，I代表情报）设备[包括协同作战能力（CEC）]，以符合美国海军未来IT-21联网作战的要求。舰上各型相控阵雷达、卫星通信、资料传输链、电子战系统与联合精确进场暨降落系统的天线整合于舰桥结构内，或置于舰桥顶部的轻量化桅杆上。舰上的作战与指管通情系统将采用开放式的架构，大量使用民用商品规格组建，以利于服役生涯中的维护与升级作业。在规划阶段，“福特”级航空母舰最主要的侦测系统是与“朱姆沃尔特”级驱逐舰相同的双频雷达系统（Dual Band Radar，DBR），包括AN/SPY-3多功能雷达和AN/SPY-4远程广域搜索雷达。

“福特”级航空母舰正前方视角

第3章 常规动力航空母舰巅峰对决

常规动力航空母舰以蒸汽轮机为基本动力，其缺点是有一个极大的烟囱，非常碍事且容易暴露目标。不过，常规动力航空母舰的技术要求和造价远低于核动力航空母舰，对于科技和经济实力有限却想增强海军力量的国家来说，常规动力航空母舰是最好的选择。

3.1 常规航母三巨头：美国“小鹰”级 VS 俄罗斯“库兹涅佐夫”号 VS 英国“伊丽莎白女王”级

在世界各国建造的常规动力航空母舰中，综合作战能力最强的当属美国“小鹰”（Kitty Hawk）级、俄罗斯“库兹涅佐夫”（Kuznetsov）号和英国“伊丽莎白女王”（Queen Elizabeth）级航空母舰。这三种航空母舰都是大型常规动力航空母舰，“小鹰”级航空母舰是迄今为止世界各国建造的排水量最大的一级常规动力航空母舰，“库兹涅佐夫”号航空母舰是俄罗斯海军目前唯一的航空母舰，而“伊丽莎白女王”级航空母舰是英国正在建造的最新一级航空母舰。

“小鹰”级航空母舰3D模型图

“库兹涅佐夫”号航空母舰3D模型图

“伊丽莎白女王”级航空母舰3D模型图

“小鹰”级航空母舰

“库兹涅佐夫”号航空母舰

“伊丽莎白女王”级航空母舰

■ 基本参数对比

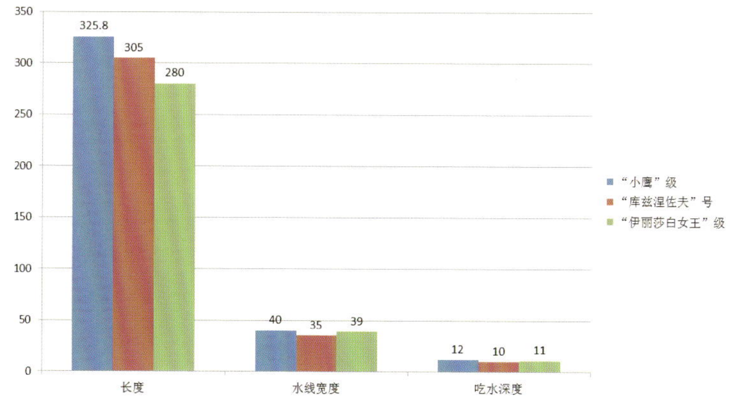

舰体尺寸对比（单位：米）

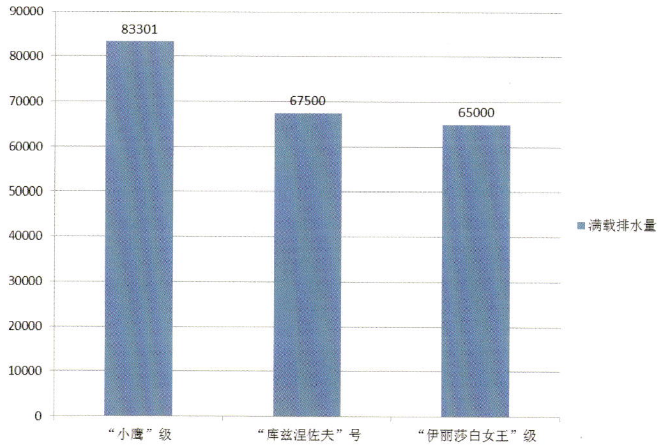

满载排水量对比（单位：吨）

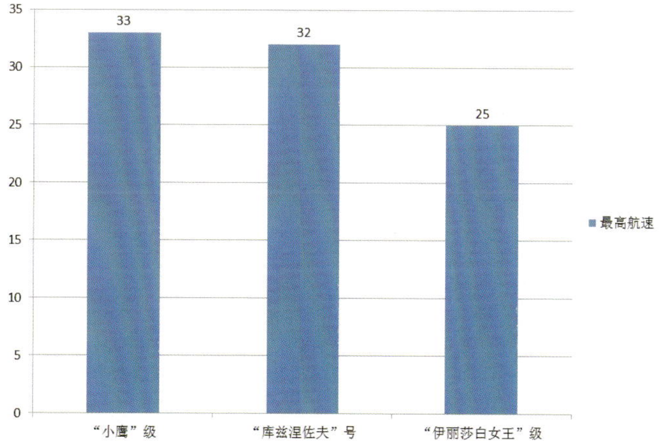

最高航速对比（单位：节）

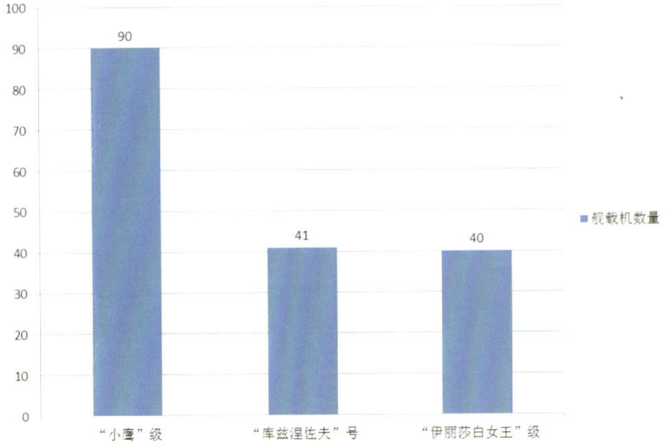

舰载机数量对比（单位：架）

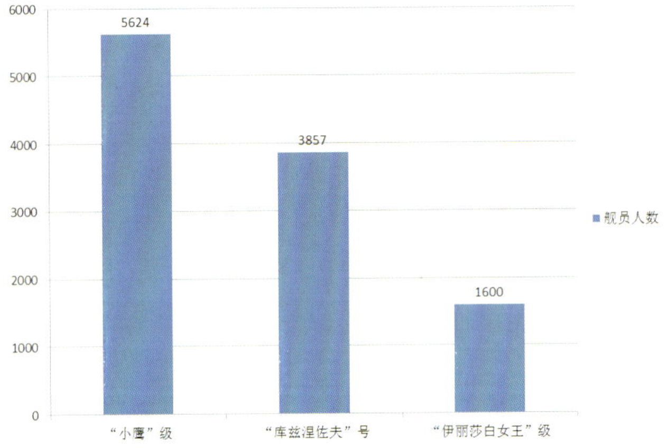

舰员人数对比（单位：人）

建造背景概述

“小鹰”级航空母舰

20世纪50年代，美国建造的“福莱斯特”级航空母舰被称为“超级航空母舰”，但在服役过程中仍发现了一些不足，许多因设计欠佳而导致的缺点日渐显露。因此，在1956年建造第五艘“福莱斯特”级航空母舰时，美国海军对其进行了大幅改进，并重新命名为“小鹰”级航空母舰。首舰“小鹰”号（CV-63）于1956年12月27日开工建造，1961年4月29日开始服役。

在二号舰“星座”号（CV-64）建造完成后，美国海军原计划以新发展的6艘“企业”级核动力航空母舰接替常规动力航空母舰的地位，但因技术不成熟、成本过高等原因，最终只有“企业”号建成服役。之后，美国海军又恢复了常规动力航空母舰的建造，从而促成了“小鹰”级航空母舰三号舰“美利坚”号（CV-

66）和四号舰“肯尼迪”号（CV-67）的诞生。2009年，“小鹰”号航空母舰退役，被“尼米兹”级航空母舰的十号舰“布什”号取代。“小鹰”号不仅是服役最久的同级舰，也是美国海军最后一艘退役的常规动力航空母舰。此后，美国海军的航空母舰全部核动力化。

“小鹰”级航空母舰（右）和“提康德罗加”级巡洋舰（左）

“库兹涅佐夫”号航空母舰

20世纪80年代，在经历了第一代航空母舰的艰苦探索和第二代航空母舰的成功建造之后，航空母舰发展速度远远落后于美国的苏联逐渐认可了航空母舰的重要作用。1983年2月22日，苏联在尼古拉耶夫造船厂开工建造第一艘大型航空母舰，该舰先后被命名为“苏联”号、“克里姆林宫”号、“布里兹涅夫”号、“第比利斯”号，1991年1月服役时更名为“库兹涅佐夫”号（063）。“库兹涅佐夫”号的同级舰“瓦良格”号于1985年12月开工建造，但最终由于苏联解体、经济衰退而被迫下马。

“库兹涅佐夫”号航空母舰侧后方视角

“伊丽莎白女王”级航空母舰

在苏联开始建造“库兹涅佐夫”号航空母舰前不久，英国刚刚经历了英阿马岛战争，由此认识到航空母舰在远洋作战中的巨大优势，于是决定发展新一代航空母舰。无奈受限于窘迫的财政状况，建造计划一直无法落实。英国和法国曾试图共同发展新型航空母舰，但最终未能如愿。到了21世纪初，眼见“无敌”级航空母舰先后退役，英国终于痛下决心单独出资建造两艘大型航空母舰，即“伊丽莎白女王”级航空母舰。

“伊丽莎白女王”级航空母舰的首舰“伊丽莎白女王”号于2014年7月8日下水，2017年12月7日开始服役。二号舰“威尔士亲王”号于2011年5月开始建造，预计2020年开始服役。“伊丽莎白女王”级航空母舰是英国有史以来建造的最大军舰，满载排水量达65000吨，几乎比前代“无敌”级航空母舰大了3倍。该级舰将取代以反潜作战为主要任务、只能搭载数量非常有限的攻击型舰载机的“无敌”级航空母舰，作为未来英国海军的远洋主力。

建造中的“伊丽莎白女王”号航空母舰

■ 舰体构造对比

“小鹰”级航空母舰

“小鹰”级航空母舰在总体设计上沿袭了前一代“福莱斯特”级航空母舰的设计特点，其舰型特点、尺寸、排水量、动力装置等都与“福莱斯特”级航空母舰相差较小，但“小鹰”级航空母舰在上层建筑、防空武器、电子设备、舰载机配备等方面均做了较大改进。“小鹰”级航空母舰共拥有4条Mk 7拦阻索、4座C-13蒸汽弹射器，飞行甲板面积有所增加，飞行甲板的布局也有所改良。“福莱斯特”级航空母舰的左舷升降机设在斜甲板前端，飞机降落时就无法使用，而“小鹰”级航空母舰将其移动到斜甲板后端。“小鹰”级航空母舰的3座右舷升降机有2座在舰桥前方，1座在舰桥后方，刚好与“福莱斯特”级航空母舰相反。此外，“小鹰”级航空母舰的升降机造型也有改进，以便停放较长的飞机。由于舰员人数众多，“小鹰”级航空母舰的各种生活配套设施也十分完备。

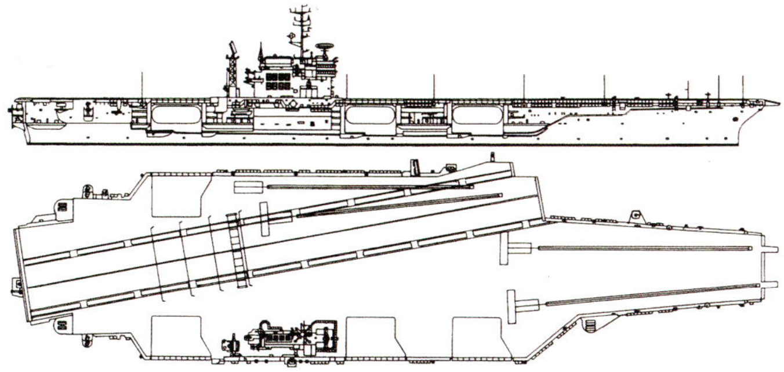

“小鹰”级航空母舰结构图

“库兹涅佐夫”号航空母舰

“库兹涅佐夫”号航空母舰的舰体尺寸和满载排水量均小于“小鹰”级航空母舰，其舰体由11个防水舱壁分开，整个舰体均采用双重底结构。“库兹涅佐夫”号航空母舰既有大型航空母舰特有的斜直两段甲板（倾斜角7度），又有轻型航空母舰通用的12度上翘角滑跃起飞甲板。该舰的舰艏水上部分有较大幅度的外飘，舰艏水下部分设球鼻艏，用于安装声呐换能器。舰艉为方形，舭部（船舷侧板与船底板的弯曲部）为圆形。主舰体从飞行甲板往下有7层甲板、2层平台和双层底，共10层甲板。岛式上层建筑位于飞行甲板右侧，布置有指挥部位、高级住舱、电子设备和工作舱室等。水上部分舰体的防御方面，基本采用了钢-玻璃纤维-钢的夹层结构。全舰共划分为3857个区域，2500个床位，其中有400个为空降兵预留床位，士官居住室387个，洗浴室50个，食堂6个，通道总长达6000米。

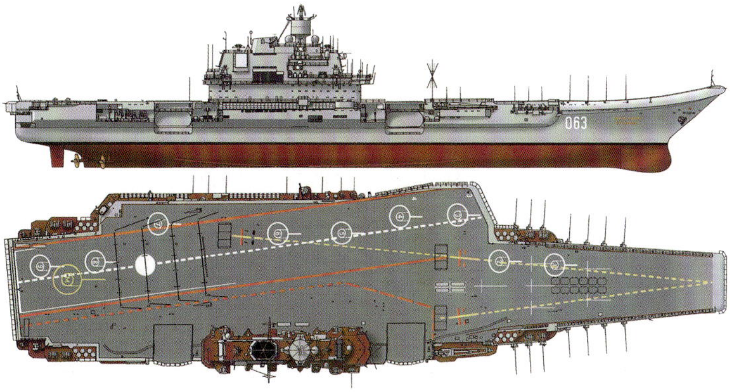

“库兹涅佐夫”号航空母舰结构图

“伊丽莎白女王”级航空母舰

“伊丽莎白女王”级航空母舰的舰体长度是三种航空母舰中最短的，但舰体宽度略大于“库兹涅佐夫”号航空母舰。该级舰的飞行甲板总面积约13000平方米，有防滑抗热涂装，舰艏设有一个仰角13度的滑跃甲板。滑跃甲板为英国航空母舰一贯的设计，只占据飞行甲板前端的一半，另一半用于停放飞机。起飞跑道末端设有一个折流板，整个飞行甲板规划有6个直升机起降点。为了最大幅度地降低人力需求，“伊丽莎白女王”级航空母舰尽可能提高自动化程度，同时也在舰上人员的日常管理上下了很大功夫。

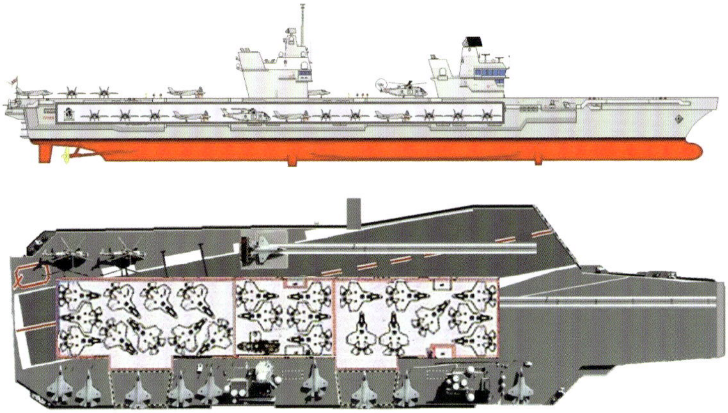

“伊丽莎白女王”级航空母舰结构图

■ 舰载飞机对比

“小鹰”级航空母舰

“小鹰”级航空母舰最多可以搭载90架舰载机，曾搭载的机型包括F-14“雄猫”战斗机、F/A-18“大黄蜂”战斗/攻击机、A-6E“入侵者”攻击机、EA-6B“徘徊者”电子作战飞机、卡-6D加油机、E-2C“鹰眼”预警机、SH-3“海王”直升机、SH-60“海鹰”直升机等。由于改进了升降机的配置方式，“小鹰”级航空母舰的舰载机从机库运上甲板并抵达前方弹射器的时间大大缩短，提高了作战效率。

“库兹涅佐夫”号航空母舰

“库兹涅佐夫”号航空母舰的舰载机型号较少，其典型载机方案为20架苏-33战斗机、15架卡-27反潜直升机、4架苏-25UGT教练机和2架卡-31预警直升机。该舰的舰载机需要使用本身的动力，冲上滑跃甲板升空。这种设计比采用平面弹射器的航空母舰具备更高的飞机起飞角度和高度，所需要的操作人员较少，但也带来了舰载机设计难度大、起飞重量受限、对飞行员技术要求高、无法起飞固定翼预警机等弊端。另外，舰载机在滑跃起飞过程中会消耗大量燃料，导致滞空时间缩短和携带武器减少，严重影响战斗力发挥。

满载舰载机的“小鹰”级航空母舰

“伊丽莎白女王”级航空母舰侧后方视角

“伊丽莎白女王”级航空母舰

“伊丽莎白女王”级航空母舰的技术规格要求能搭载40架以上舰载机，其中至少要有36架F-35C“闪电”Ⅱ战斗机，其他舰载机有“阿帕奇”直升机、“支奴干”直升机、“灰背隼”直升机和“野猫”直升机等。该级舰首创滑跃甲板结合“电磁弹射器”的新概念，F-35C战斗机使用弹射方式升空，大幅增加了机身载重。“伊丽莎白女王”级航空母舰的飞行甲板配有2座升降机，均位于右舷，2座升降机的载重能力为70吨级，能在60秒内将飞机从机库运送至飞行甲板。

“库兹涅佐夫”号航空母舰及其搭载的卡-27反潜直升机

自卫武器对比

“小鹰”级航空母舰

“小鹰”级航空母舰的自卫武器种类较少，仅有3座八联装Mk 29“海麻雀”舰对空导弹发射装置、3座Mk 15“密集阵”近程防御武器系统和4座Mk 36干扰火箭发射装置（发射红外曳光弹和箔条弹）。

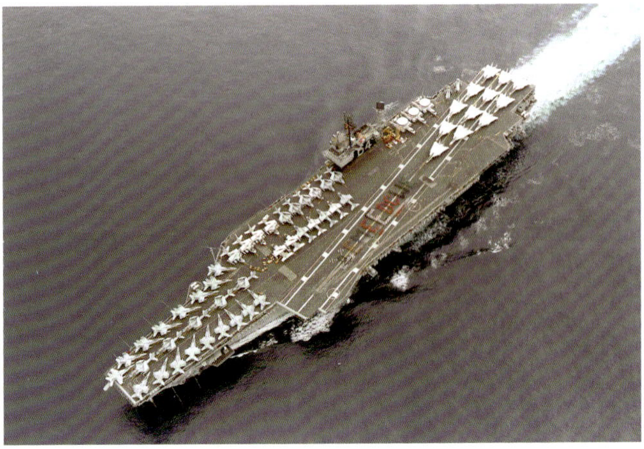

“小鹰”级航空母舰俯视图

“库兹涅佐夫”号航空母舰

与“小鹰”级航空母舰和“伊丽莎白女王”级航空母舰等西方航空母舰相比，“库兹涅佐夫”号航空母舰的定位有所不同，苏联称之为“重型航空巡洋舰”，即便不依赖舰载机，该舰仍有相当强大的战斗力量。一般来说，航空母舰仅配备少量的防御自卫武器，防御任务主要靠航空母舰编队的护卫舰艇和航空母舰上的舰载机来担负。然而，“库兹涅佐夫”号航空母舰除舰载机外，还拥有大量的武器装备，其战斗力比普通巡洋舰都强。该舰的舰载武器包括8门AK-630近防炮、8座卡什坦近程防御武器系统、12座P-700“花岗岩”反舰导弹发射装置、4座3K95“匕首”防空导弹发射装置、2座十联装RBU-12000火箭深弹发射装置、2座PK-2干扰箔条发射器和10座PK-10干扰箔条发射器等。“库兹涅佐夫”号航空母舰可以防卫和支援战略导弹潜艇及水面舰艇，也可以搭载舰载机进行独立巡弋。

“库兹涅佐夫”号航空母舰正前方视角

“伊丽莎白女王”级航空母舰

碍于预算拮据，“伊丽莎白女王”级航空母舰的自卫武器也相当精简，包括3座美制Mk 15 Block 1B“密集阵”近程防御武器系统，以及4座30毫米DS30M遥控机炮。

“伊丽莎白女王”级航空母舰侧前方视角

动力装置对比

“小鹰”级航空母舰

“小鹰”级航空母舰的动力装置为4台西屋公司的蒸汽轮机，总功率为210兆瓦。此外，还有8台1500千瓦汽轮发电机组、2台750千瓦中频发电机组和3台1000千瓦柴油发电机组。

航行中的“小鹰”级航空母舰

“库兹涅佐夫”号航空母舰

“库兹涅佐夫”号航空母舰的动力装置为4台37兆瓦蒸汽轮机、9台1500千瓦涡轮发电机和6台1500千瓦柴油发电机。

航行中的“库兹涅佐夫”号航空母舰

“伊丽莎白女王”级航空母舰

“伊丽莎白女王”级航空母舰首次在大型航空母舰上使用了燃气轮机，并成为世界上第一艘采用综合全电力推进（Integrated Full Electrical Propulsion，IFEP）系统的航空母舰，虽然与传统的蒸汽轮机、机械传动相比，这种先进动力系统在功率方面还有差距，但在系统占舰内体积比例、动力系统重量、动力分配灵活性等方面有很大优势。“伊丽莎白女王”级航空母舰的主机采用了两台单机功率为36兆瓦的MT30燃气轮机，两个轮机舱分开布置，每个舰岛下设置一个，相距较远，这样可缩短烟道，而且有利于提高航空母舰的生存能力。该级舰的巡航动力源于两台单机功率11兆瓦的16V38B柴油机组，发电机组为两台单机功率9兆瓦的12V38B柴油发电机组。

航行中的“伊丽莎白女王”级航空母舰

■ 电子设备对比

“小鹰”级航空母舰

“小鹰”级航空母舰配备了AN/SLQ-29雷达、AN/SLQ-32(V)电子对抗系统、WLR-3ECM接收机、WLR-11IFM接收机、海军战术数据系统（NTDS）、先进作战指挥系统（ACDS）、联合海上指挥信息系统（JMCIS）、AN/SSQ-82卫星通信系统、Mk 91导弹发射火控系统等电子设备。

“小鹰”级航空母舰的岛式上层建筑

“库兹涅佐夫”号航空母舰

“库兹涅佐夫”号航空母舰为了最大限度地增强作战能力，配备了俄罗斯当前最先进的雷达和指挥控制及干扰系统，如“天空哨兵”多功能相控阵雷达。这种雷达与美国“宙斯盾”雷达极为相似，具有跟踪精度高、抗干扰能力强、可靠性高等优点，能对多批次目标进行探测、识别和跟踪。除此之外，该舰还配备了MR-710“顶板”三坐标对空/对海雷达、MR-320M“双支撑”对海雷达、MR-360“十字剑”火控雷达、3P37“热闪”火控雷达、“蛋糕台”战术空中导航雷达等电子设备。

“库兹涅佐夫”号航空母舰正后方视角

“伊丽莎白女王”级航空母舰

“伊丽莎白女王”级航空母舰则配备了法国泰雷兹集团的S-1850M远程电子扫描雷达和英国宇航系统公司的997型雷达，以及2050型搜索声呐和162型海底描绘声呐等电子设备。

“伊丽莎白女王”级航空母舰在朴茨茅斯

3.2 超级航母问世：美国“中途岛”级VS美国“福莱斯特”级

“中途岛”（Midway）级航空母舰是美国在二战中后期开始建造的航空母舰，该级舰服役时二战已经结束，因此它被视为美国二战后的第一代常规动力航空母舰。“福莱斯特”（Forrestal）级航空母舰是“中途岛”级航空母舰的后继者，也是二战结束后美国海军首批为配合喷气式飞机的诞生而建造的航空母舰，其满载排水量超过80000吨，较“中途岛”级航空母舰足足增加了25%，因此被视为是跨越了一个崭新的船舰尺码门槛，被认为是世界上第一个真正付诸建造的超级航空母舰级别。从“福莱斯特”级航空母舰开始，美国航空母舰便一发不可收拾地进入了“超级时代”。

“中途岛”级航空母舰3D模型图

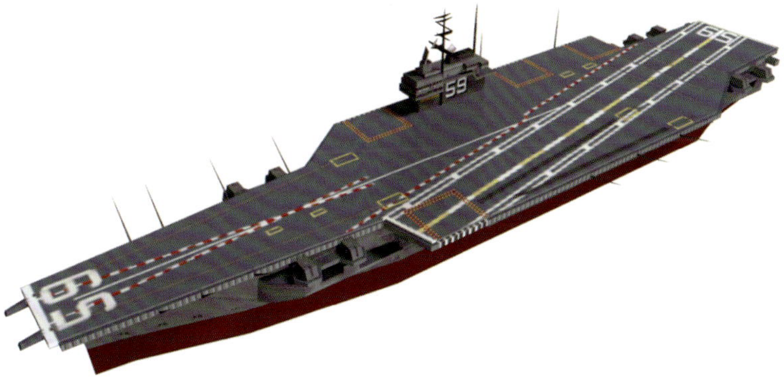

“福莱斯特”级航空母舰3D模型图

“中途岛”级航空母舰

“福莱斯特”级航空母舰

基本参数对比

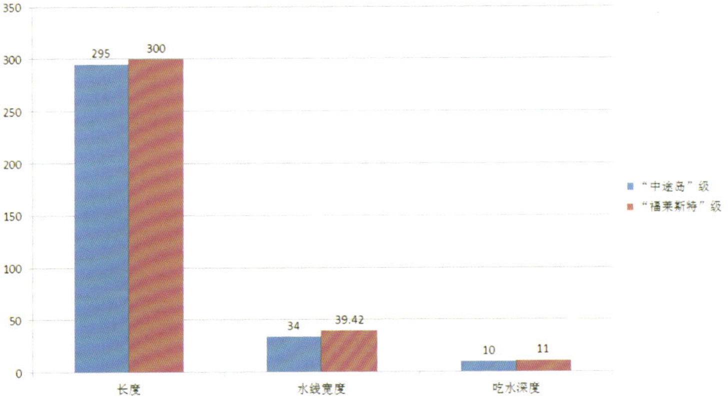

舰体尺寸对比（单位：米）

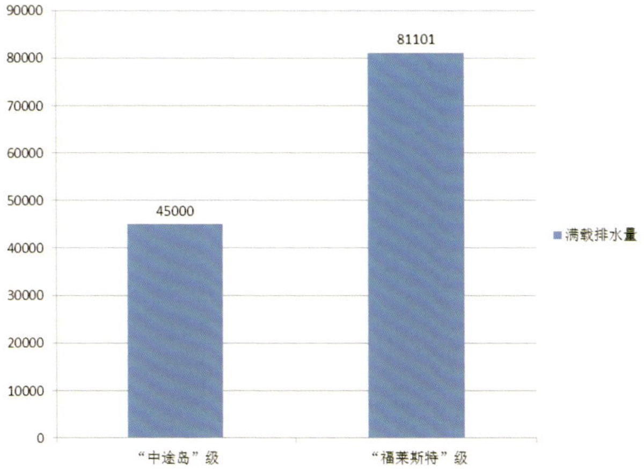

满载排水量对比（单位：吨）

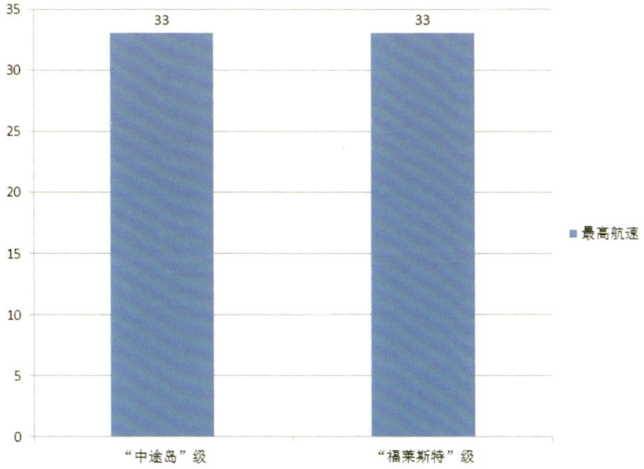

最高航速对比（单位：节）

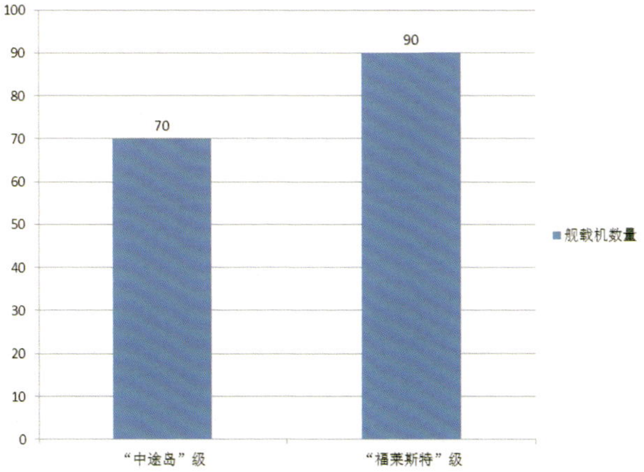

舰载机数量对比（单位：架）

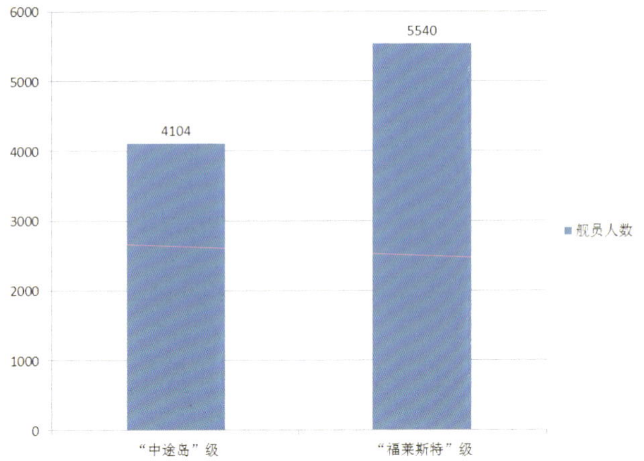

舰员人数对比（单位：人）

■ 建造背景概述

“中途岛”级航空母舰

“中途岛”级航空母舰是美国在二战中研制的航空母舰，一共建造了3艘，即“中途岛”号（CVB-41）、“富兰克林·罗斯福”号（CVB-42）和“珊瑚海”号（CVB-43）。“中途岛”号于1943年10月27日在纽波特纽斯造船厂开工建造，1945年3月20日下水，同年9月10日正式服役。“富兰克林·罗斯福”号于1945年10月27日正式服役，“珊瑚海”号于1947年10月1日正式服役。由于“中途岛”级各舰都没能参加二战，因此也常常称“中途岛”级为美国二战后的第一代常规动力航空母舰，与“福莱斯特”级航空母舰和“小鹰”级航空母舰一起构成了美国二战后的三代常规动力航空母舰。

“中途岛”级航空母舰俯视图

“福莱斯特”级航空母舰

在“中途岛”级航空母舰建造完成之后，美国海军原计划建造5艘“美利坚”级航空母舰，但计划因种种原因而取消，并导致当时支持此计划的国防部长詹姆斯·福莱斯特自杀。此后，美国海军决定建造“福莱斯特”级航空母舰来取代已经取消的“美利坚”级航空母舰。1952年，首批两艘“福莱斯特”级航空母舰“福莱斯特”号（CVA-59）和“萨拉托加”号（CVA-60）动工建造。从这一年起，美国海军开始使用CVA这个代号用来表示攻击航空母舰，所有经过现代化改装的“埃塞克斯”级航空母舰和“中途岛”级航空母舰也使用这个代号。“福莱斯特”号于1954年12月下水，1955年10月服役。“萨拉托加”号于1955 年10 月下水，1956年4月服役。三号舰“游骑兵”号（CVA-61）于1954年8月开工建造，1957年8月服役。四号舰“独立”号（CVA-62）于1955年7月开工建造，1959 年1月服役。20世纪80年代，除“游骑兵”号之外的“福莱斯特”级航空母舰均进行了延寿改装。

“福莱斯特”级航空母舰侧前方视角

■ 舰体构造对比

“中途岛”级航空母舰

与“埃塞克斯”级航空母舰相比，“中途岛”级航空母舰有相当程度的改进。该级舰配备了装甲甲板，有更大的舰体和更低的干舷。不过，“中途岛”级航空母舰仍存在不少缺点，如舰内空间潮湿、拥挤和过于复杂等，而这些缺点一直没有得到解决。这种设计使得该级舰很难进行改装和升级，而且由于机库高度太低，抗浪性太差，许多新型舰载机都无法在“中途岛”级航空母舰上使用。总体来说，“中途岛”级航空母舰的设计不能令人满意，但出于对大型航空母舰的迫切需求，该级舰仍在美国海军中服役了很长时间。

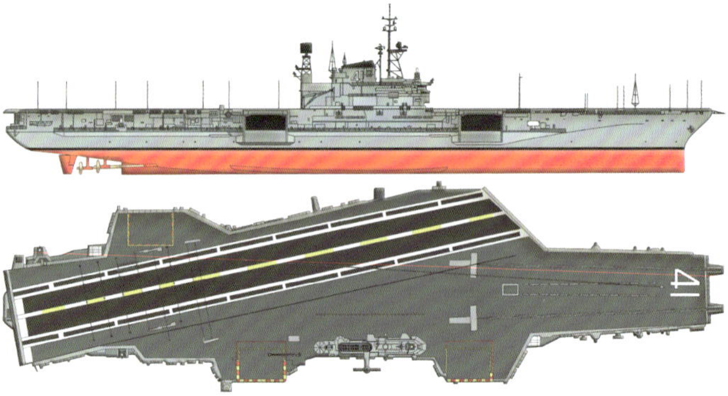

“中途岛”级航空母舰结构图（1991年）

“福莱斯特”级航空母舰

“福莱斯特”级航空母舰首次采用蒸汽弹射器，飞行甲板吸取英国航空母舰的设计经验，将传统的直通式飞行甲板变为斜角、直通混合布置的飞行甲板，使整个飞行甲板形成起飞、待机和降落三个区域，可同时进行起飞和着舰作业。“福莱斯特”级航空母舰在舰艏甲板与斜向飞行甲板最前段设有4座蒸汽弹射器，配合4座设在船侧的升降机，这些都是之后的美国航空母舰一直沿用的标准设计。“福莱斯特”级航空母舰的右舷还有一个大的岛式上层建筑，烟囱从岛式上层建筑的中部穿过。该级舰的舰艏、飞行甲板和机库均采用封闭式，舰体自底部至飞行甲板形成整体式箱形结构，增强了整体强度，同时增大舰内容积，使载机量增多，同时飞机保障条件和舰员居住舒适性也有了改善。

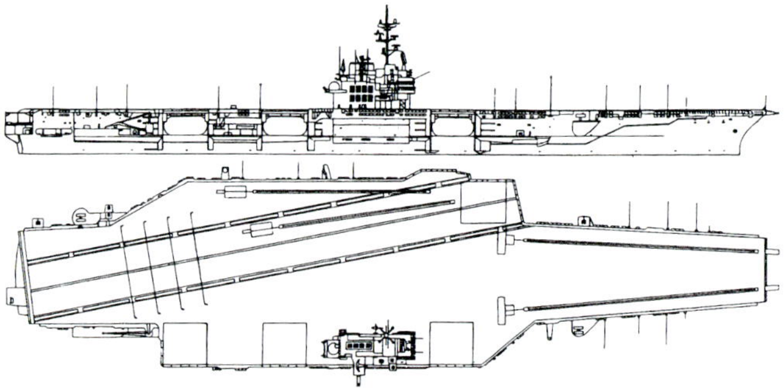

“福莱斯特”级航空母舰结构图

■ 舰载飞机对比

“中途岛”级航空母舰

从服役初期到20世纪50年代，“中途岛”级航空母舰最多可以搭载130架舰载机。此后，喷气式舰载机逐渐普及，“中途岛”级航空母舰最多可以搭载70架舰载机，包括F/A-18“大黄蜂”战斗/攻击机、EA-6B“徘徊者”电子作战飞机、E-2C“鹰眼”预警机、S-3“海盗”反潜机、SH-3“海王”直升机和SH-60“海鹰”直升机等。

满载喷气式舰载机的“中途岛”级航空母舰

“福莱斯特”级航空母舰

“福莱斯特”级航空母舰最多可以搭载90架舰载机，曾搭载的机型包括F-4“鬼怪”Ⅱ战斗机、F-14“雄猫”战斗机、F/A-18“大黄蜂”战斗/攻击机、EA-6B“徘徊者”电子作战飞机、E-2C“鹰眼”预警机、SH-3“海王”直升机、SH-60“海鹰”直升机等。该级舰的4座弹射器和4座升降机能保障每分钟弹射8架舰载机，这对于喷气式舰载机进行战斗巡逻是至关重要的。

“福莱斯特”级航空母舰及其搭载的舰载机

■ 自卫武器对比

“中途岛”级航空母舰

“中途岛”级航空母舰的自卫火力比“埃塞克斯”级航空母舰更强，原计划装上巡洋舰使用的203毫米舰炮，后来发现应该重点防御飞机的攻击，从而增强了防空火力。“中途岛”级航空母舰一共安装了18门127毫米单管舰炮、21门四联装40毫米博福斯防空炮和28门20毫米厄利空单管防空炮。后期现代化改装后，该级舰的自卫武器变为10门双联装76.2毫米舰炮、2座八联装“海麻雀”舰对空导弹发射装置和2座Mk 15“密集阵”近程防御武器系统。

“中途岛”级航空母舰左舷视角

“福莱斯特”级航空母舰

“福莱斯特”级航空母舰的自卫武器比“中途岛”级航空母舰稍多，有3座八联装“海麻雀”舰对空导弹发射装置和3座Mk 15“密集阵”近程防御武器系统。该级舰原本还装有8门127毫米舰炮，但在1977年被全部拆除。对抗措施方面，“福莱斯特”级航空母舰和“中途岛”级航空母舰相差不大，均装有4座SRBOC诱饵发射装置，不过“福莱斯特”级航空母舰配备的AN/SLQ-36“水精”拖曳式诱饵比“中途岛”级航空母舰配备的AN/SLQ-25“女水妖”拖曳式诱饵更加先进。

“福莱斯特”级航空母舰正后方视角

■ 动力装置对比

“中途岛”级航空母舰

“中途岛”级航空母舰的动力装置由4台蒸汽轮机和12台锅炉组成，总推进功率为158000千瓦。

搭载二战时期舰载机的“中途岛”级航空母舰

“福莱斯特”级航空母舰

“福莱斯特”级航空母舰的动力装置由4台蒸汽轮机和8台锅炉组成，总推进功率为210000千瓦。因此，“福莱斯特”级航空母舰的最大航速略高于“中途岛”级航空母舰。

“福莱斯特”级航空母舰通过苏伊士运河

■ 电子设备对比

“中途岛”级航空母舰

“中途岛”级航空母舰装有AN/SPS-49对空搜索雷达（C/D波段）、AN/SPS-67对海搜索雷达（G波段）、AN/SPS-65导航雷达、Mk 115火力控制系统、WLR-1雷达预警系统、WLR-10雷达预警系统等电子设备。

“福莱斯特”级航空母舰

“福莱斯特”级航空母舰配备了AN/SPS-48C对空搜索雷达（E/F波段）、AN/SPS-49(V)对空搜索雷达、AN/SPS-67对海搜索雷达、AN/SPN-64(V)导航雷达、Mk 95火控雷达、AN/URN-25“塔康”导航系统、AN/SPN-44飞行进场控制雷达、海军战术数据系统等电子设备。

“中途岛”级航空母舰右舷视角

“福莱斯特”级航空母舰侧后方视角

3.3 经典直升机航空母舰：法国“圣女贞德”号 VS 苏联/俄罗斯“莫斯科”级

直升机航空母舰是一种主要用于运载直升机和垂直起降战斗机的航空母舰，主要用于包括反潜作战与密接空中支援在内的军事任务。在世界各国建造的直升机航空母舰中，最具代表性的是法国的“圣女贞德”（Jeanne d’Arc）号和苏联/俄罗斯的“莫斯科”（Moskva）级。这两种直升机航空母舰均建造于20世纪60年代，前者于1964年开始服役，后者于1967年开始服役。

“圣女贞德”号航空母舰3D模型图

“莫斯科”级航空母舰3D模型图

“圣女贞德”号航空母舰

“莫斯科”级航空母舰

■ 基本参数对比

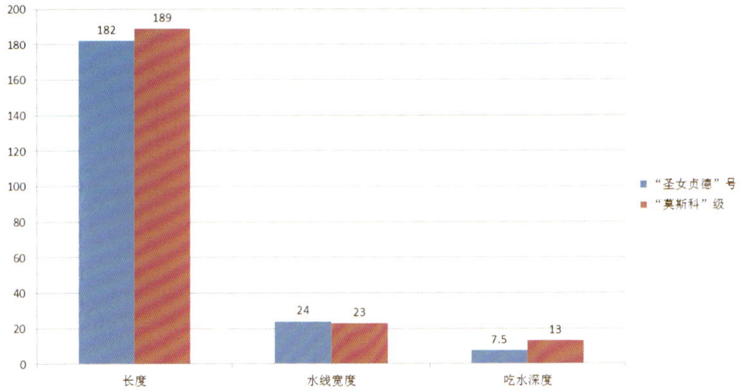

舰体尺寸对比（单位：米）

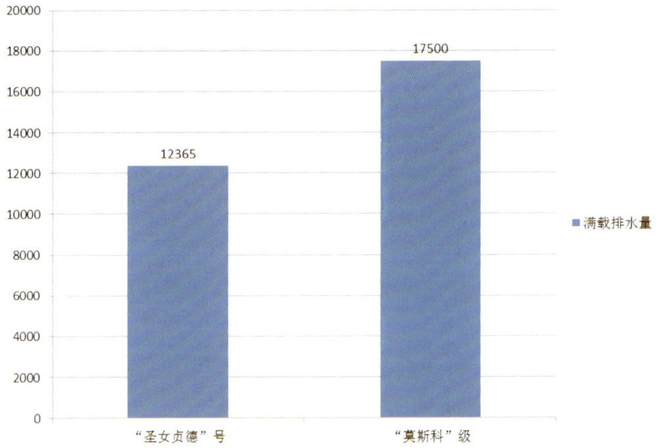

满载排水量对比（单位：吨）

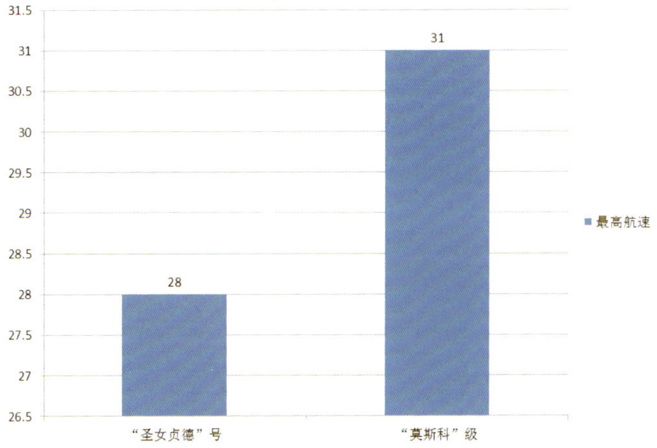

最高航速对比（单位：节）

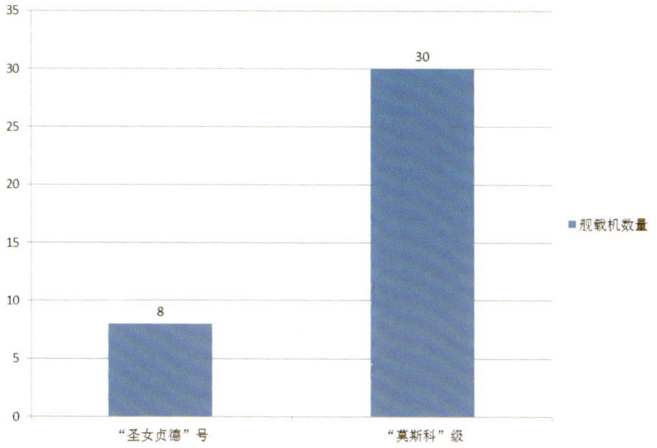

舰载机数量对比（单位：架）

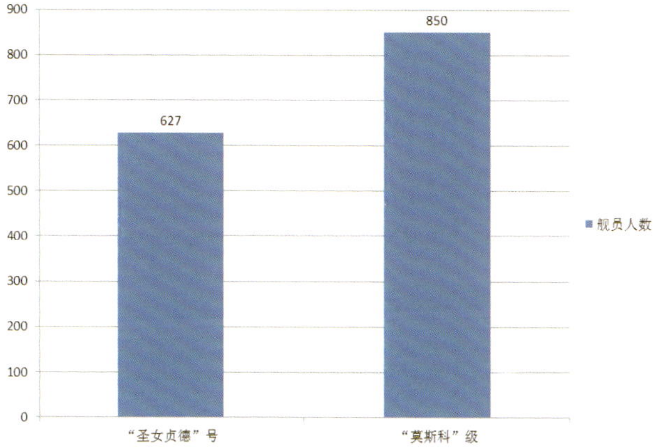

舰员人数对比（单位：人）

■ 建造背景概述

"圣女贞德"号航空母舰

"圣女贞德"号航空母舰于1960年7月7日动工建造，1961年9月30日下水，1964年7月16日正式服役，取代法国海军原有的一艘同样名为"圣女贞德"号的训练舰。"圣女贞德"号航空母舰可操作数架直升机进行反潜、两栖垂直登陆或空中扫雷等作战任务，此外还担任法国海军军官学校的训练舰，担负应届毕业生的年度例行远航训练任务。由于构型特殊，且曝光率高，该舰成为冷战时期法国海军的象征性军舰。

"圣女贞德"号航空母舰在内河航行

“莫斯科”级航空母舰

法国海军建造“圣女贞德”号航空母舰之时，正是美苏冷战白热化时期。1960年7月，美国“乔治·华盛顿”号核潜艇成功进行“北极星”弹道导弹水下发射试验。1961年8月，美国建造的第一艘专门用来携带16枚“北极星”弹道导弹的核潜艇“伊桑·艾伦”号开始服役。为了应对美国弹道导弹核潜艇的威胁，时任苏联海军总司令的戈尔什科夫元帅批准了1123型反潜巡洋舰的战役战术任务书。该任务书要求新舰必须搭载14架卡-25反潜直升机，因此1123型实际上就是一种直升机航空母舰。不过，当时苏军高层信奉“核战至上论”，认为航空母舰没有价值，所以1123型只能以“反潜巡洋舰”的角色去回避政治定位。

1123型反潜巡洋舰由苏联海军造船管理局委托位于列宁格勒（现圣彼得堡）的第17中央设计局设计，总设计师是萨维乔夫。1962年1月，在经过部分修改后，新舰的技术设计获得批准。首舰“莫斯科”号于1962年12月开工，1965年1月下水，1967年12月服役。二号舰“列宁格勒”号于1965年1月开工，1968年7月下水，1969年6月服役。因“莫斯科”号和“列宁格勒”号服役后被指在风浪较大的海面行进时操控性不佳，三号舰“基辅”号被取消建造。苏联解体后，“莫斯科”级航空母舰继续在俄罗斯海军服役。

“莫斯科”级航空母舰侧后方视角

舰体构造对比

“圣女贞德”号航空母舰

“圣女贞德”号航空母舰的舰体前部采用类似一般水面舰只的构型，舰艏配备自卫武器，舰桥结构占据舰体前半段。舰桥结构后方紧接着是一块长62米、宽21米的直升机起降甲板，比舰体主甲板高出一层，甲板下方的空间规划成机库。起降甲板有3个直升机起降点，最多能同时让3架直升机起降，起降甲板末端则设有一座升降机来连通机库。

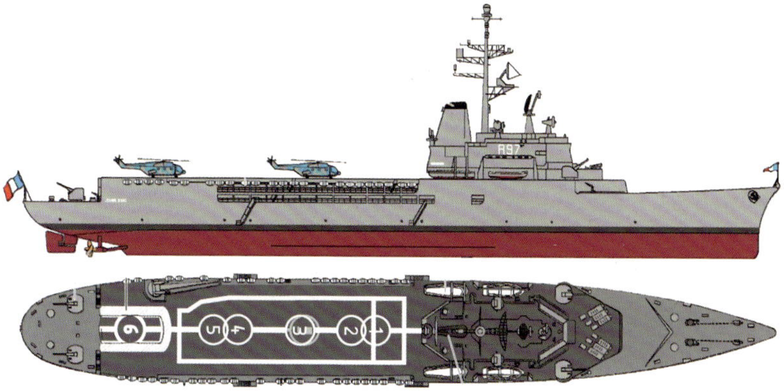

“圣女贞德”号航空母舰结构图

“莫斯科”级航空母舰

“莫斯科”级航空母舰同样采用混合式舰型，舰体前半部为典型的巡洋舰布置，前甲板布满了各式武器系统，其中大部分为反潜武器。舰体后半部则是宽敞的直升机飞行甲板，总面积为2754平方米，占据了几乎一半的甲板面积，飞行甲板与机库之间有2座升降机。

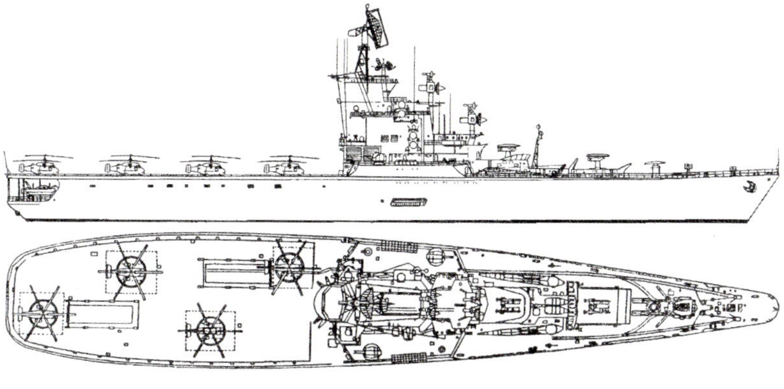

“莫斯科”级航空母舰结构图

舰载飞机对比

“圣女贞德”号航空母舰

在执行作战任务时，“圣女贞德”号航空母舰可搭载8架SA 321G“超级大黄蜂”直升机或“山猫”直升机，攻击敌方水面舰艇。而在平时，“圣女贞德”号航空母舰主要作为训练舰使用，配备“云雀”“海豚”或“超级美洲豹”等直升机。

“圣女贞德”号航空母舰俯视图

“莫斯科”级航空母舰

“莫斯科”级航空母舰最多可搭载 30 架直升机，主要型号为卡-25“激素”反潜直升机和米-8“河马”运输直升机。虽然曾有雅克-38垂直起降战斗机在舰上进行测试，但是最终未能正式列装。在特殊情况下，“莫斯科”级航空母舰也可搭载米-14扫雷直升机，不过由于该机体形过于庞大，无法经由升降机进入机库，因此只能停放在甲板上。

“莫斯科”级航空母舰后半部的飞行甲板

“圣女贞德”号航空母舰左舷视角

“莫斯科”级航空母舰右舷视角

“圣女贞德”号航空母舰在风浪中航行

自卫武器对比

“圣女贞德”号航空母舰

“圣女贞德”号航空母舰装有4门100毫米M1964型自动舰炮，其中2门位于舰桥前方两侧，另外2门横列于舰艉。该炮最大仰角80度，最大射速高达80发/分钟，对空射程8千米，对海射程9千米，炮弹重13.5千克。“圣女贞德”号航空母舰的舰艏装有6座射程40千米的MM38“飞鱼”反舰导弹发射架，舰上还有4挺12.7毫米机枪。2000年，舰艉的2门100毫米舰炮被拆除。

“莫斯科”级航空母舰

“莫斯科”级航空母舰的舰艏有2座十二联装RBU-6000反潜火箭发射架，其后方为1座双联装SUW-N-1反潜导弹发射架，再后方为2座SA-N-3防空导弹发射架，舰桥两侧另有2座双联装57毫米防空炮。此外，还有5座双联装533毫米鱼雷发射管。

动力装置对比

“圣女贞德”号航空母舰

“圣女贞德”号航空母舰装有2台蒸汽轮机和4台蒸汽锅炉，总推进功率仅有29420千瓦，最高航速仅有28节。

“莫斯科”级航空母舰

“莫斯科”级航空母舰原本考虑采用燃气轮机作为动力，由于技术达不到要求，转而使用了高压蒸汽锅炉。该级舰同样装有2台蒸汽轮机和4台锅炉，总推进功率为75000千瓦，最高航速可达31节。

航行中的“莫斯科”级航空母舰

■ 电子设备对比

“圣女贞德”号航空母舰

“圣女贞德”号航空母舰的主要侦搜设备包括一部位于主桅杆前方平台的DRBV-22对空搜索雷达、一部位于主桅杆上的DRBV-51对海搜索雷达以及2部DRBN- 34导航雷达，以及导引直升机起降作业的SRN-6战术空中导航系统。火控系统则有3部带有电视追踪的DRBC-32A火控雷达（I频），用来导控100毫米舰炮。另外，还有2部萨基姆DMAA光学瞄准仪。1989～1990年，“圣女贞德”号航空母舰进行大规模现代化改装，大幅更新电子系统，强化电子战设备。

“圣女贞德”号航空母舰右舷视角

“莫斯科”级航空母舰

“莫斯科”级航空母舰装有“顶帆”对空搜索雷达、“顶罩”对空搜索雷达、“头灯”防空导弹制导雷达、“驼鹿颚”低频声呐和“马尾”可变深度声呐等电子设备。

“莫斯科”级航空母舰左舷仰视图

3.4 中型航母群雄：法国“克莱蒙梭”级 VS 巴西“圣保罗”号 VS 苏联/俄罗斯“基辅”级 VS 印度“维兰玛迪雅”号

中型航空母舰的满载排水量在30000～60000吨之间，其舰体长度适中，能满足中小国家海军的需要，对许多国家来说，中型航空母舰是一种比较折中的选择。在世界各国建造的中型航空母舰中，最具代表性的是法国的“克莱蒙梭”（Clemenceau）级和苏联/俄罗斯的“基辅”（Kiev）级。由于整体作战性能较为出色，这两种航空母舰退役后均有一艘被其他国家海军购买，其中“克莱蒙梭”级航空母舰二号舰“福煦”号被巴西海军购买并重新命名为“圣保罗”（São Paulo）号，而“基辅”级航空母舰四号舰“戈尔什科夫”号被印度海军购买并重新命名为“维兰玛迪雅”（Vikramaditya）号。

“克莱蒙梭”级航空母舰3D模型图

“基辅”级航空母舰3D模型图

“克莱蒙梭”级航空母舰

“圣保罗”号航空母舰

“基辅”级航空母舰

“维兰玛迪雅”号航空母舰

基本参数对比

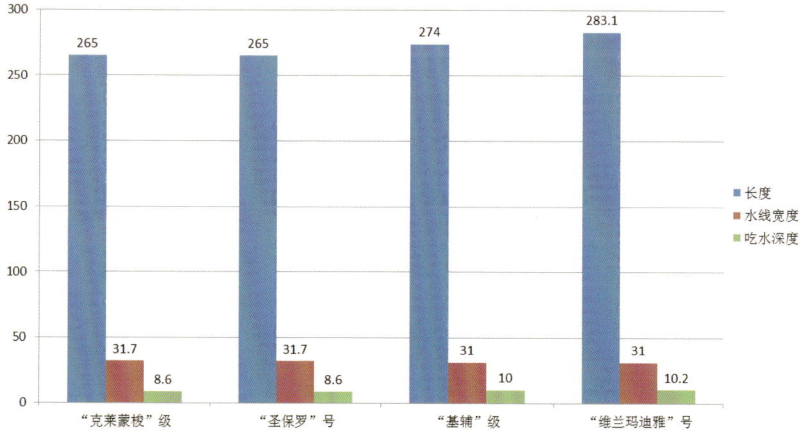

舰体尺寸对比（单位：米）

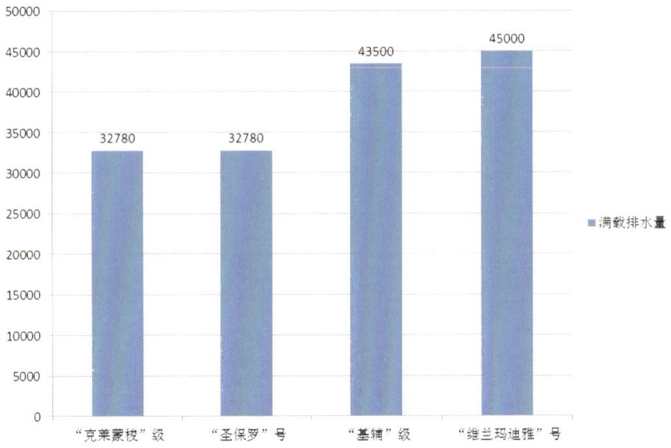

满载排水量对比（单位：吨）

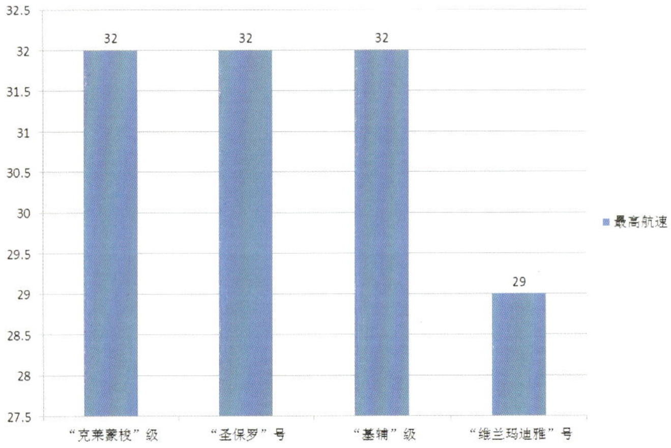

最高航速对比（单位：节）

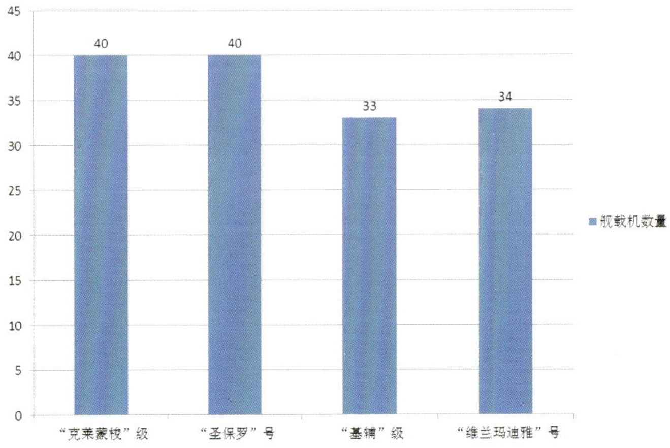

舰载机数量对比（单位：架）

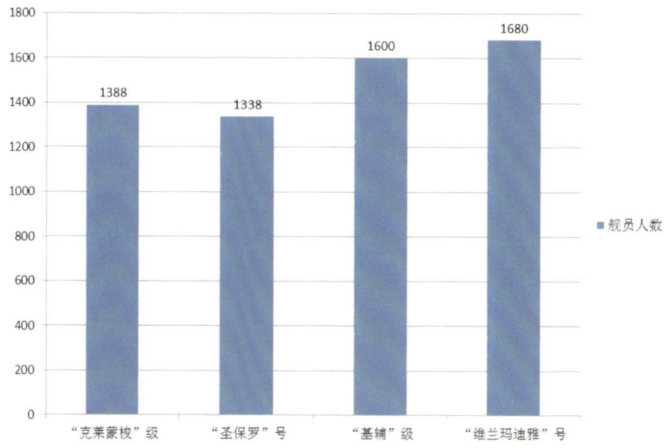

舰员人数对比（单位：人）

■ 建造背景概述

“克莱蒙梭”级航空母舰

“克莱蒙梭”级航空母舰是二战后法国海军自行建造的第一级航空母舰，其建造计划于1952年提出，首舰“克莱蒙梭”号（R98）于1955年11月开工建造，1961年11月正式服役。二号舰“福煦”号（R99）于1957年2月开工建造，1963年7月正式服役。服役期间，“克莱蒙梭”级航空母舰进行了多次改装，“克莱蒙梭”号于1977年11月至1978年11月、“福煦”号于1980年7月至1981年8月进行了第一次大改装。20世纪80年代中后期，两舰又先后进行了第二次大改装。

“克莱蒙梭”级航空母舰在港湾内航行

“圣保罗”号航空母舰

20世纪80年代末，法国开始建造新一代航空母舰“戴高乐”号。由于这是法国首次尝试建造核动力航空母舰，其建造进度一再延误，建造费用也大幅超支。为了筹措建造费用，法国海军不得不考虑提前让“克莱蒙梭”级航空母舰退役。1997年7月，“克莱蒙梭”号航空母舰退役。此时，巴西在多次改装购自英国的“米纳斯吉拉斯”号轻型航空母舰的同时，也在积极寻求购买中型航空母舰，以适应当前及未来一段时间的需要。2000年11月，法国低价向巴西出售“福煦”号航空母舰。2001年2月1日，“福煦”号离开法国驶向巴西，巴西随后对其进行改装并改名为“圣保罗”号。2017年2月14日，因舰体老化严重，巴西海军宣布“圣保罗”号退役。

“圣保罗”号航空母舰返回母港

“基辅”级航空母舰

与法国相比，苏联更注重弹道导弹潜艇和导弹巡洋舰的发展，并不太重视航空母舰。虽然苏联在20世纪60年代建造了“莫斯科”级直升机航空母舰，但其并未达到西方正规航空母舰的水准，且夺取制海权也不能只依靠直升机航空母舰。出于战略上的需要，苏联海军决定建造新一代的可搭载固定翼飞机的航空母舰，由涅夫斯基工程设计局负责设计航空母舰，雅克列夫设计局负责设计舰载机。70年代中期，“基辅”级航空母舰诞生，苏联也称其为“战术航空巡洋舰”或“航空巡洋舰”。该级舰一共建造了4艘，首舰“基辅”号于1975年1月服役，二号舰“明斯克”号于1978年9月服役，三号舰“诺沃罗西斯克”号于1982年9月服役，四号舰“戈尔什科夫”号于1987年1月服役。苏联解体后，“基辅”级航空母舰在俄罗斯海军继续服役。

“基辅”级航空母舰俯视图

“维兰玛迪雅”号航空母舰

“基辅”级航空母舰前三艘均于1993年退出现役，而“戈尔什科夫”号于1994年发生锅炉汽管断裂事故，当时的俄罗斯海军无钱维修而决定出售。1999年1月，印度与俄罗斯开始交涉。2004年，双方达成协议，“戈尔什科夫”号航空母舰免费赠予印度，但由印度支付改装费用，俄罗斯负责将其改造以便在舰上操作起降米格-29K战斗机。该舰原计划2008年交付印度海军，但由于种种原因一再延误，直到2013年11月16日才最终交付，并重新命名为“维兰玛迪雅”号。维兰玛迪雅原是指古印度笈多王朝第三位君主旃陀罗·笈多二世（也称超日王），因此“维兰玛迪雅”号也被译为“超日王”号。

停泊在港口中的“维兰玛迪雅”号航空母舰

■ 舰体构造对比

“克莱蒙梭”级航空母舰

“克莱蒙梭”级航空母舰曾是世界上唯一能起降固定翼飞机的中型航空母舰，具有与美国大型航空母舰相同的斜角甲板和相应设备。该级舰的飞行甲板长259米，宽51.2米，分为两个部分：一部分是舰艏的轴向甲板，长90米，设有1座BS5蒸汽弹射器，可供飞机起飞；另一部分是斜角甲板，长163米，宽30米，甲板斜角为8度，设有1座BS5蒸汽弹射器和4道拦阻索，既可供飞机起飞，又可供飞机降落。“克莱蒙梭”级航空母舰的右舷上层建筑前后各有一部16米×12米的升降机。该级舰的机库长180米，宽24米，高7米，总面积为4320平方米，分隔成3个库区。

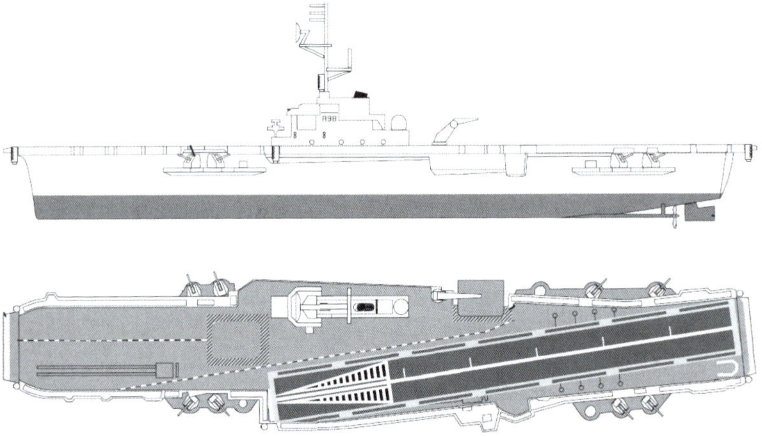

“克莱蒙梭”级航空母舰结构图

“圣保罗”号航空母舰

巴西海军购入“福煦”号航空母舰并命名为“圣保罗”号航空母舰后，在舰体构造方面并没有进行太大的改动。

“基辅”级航空母舰

“基辅”级航空母舰的飞行甲板长195米，宽20.7米。与美国和英国航空母舰“拼命腾出空间停飞机”的设计理念不同，“基辅”级航空母舰的甲板面积中仅有60%作飞机起飞停放之用。为对应垂直起降舰载机的起飞要求（发动机喷气口需要垂直向下，喷出高温气体以提供起飞动力），飞机起飞点均使用了特别研制的甲板热防护层。在建造四号舰时，为了提高飞机起降的安全性，甲板以上建筑的长度被缩短，形状也有所改变。“基辅”级航空母舰有2座升降机，分别安装在舰桥左侧和舰桥后方。

“维兰玛迪雅”号航空母舰

“戈尔什科夫”号航空母舰赠予印度后，改造重点是将舰艄的武器全部拆除，把它变成滑跃甲板以便米格-29K战斗机起飞。斜向甲板加上了3条拦阻索，以便米格-29K战斗机顺利降落。此外，飞行甲板面积有所增大。整体来说，改造后的“维兰玛迪雅”号航空母舰就是一艘缩小版的“库兹涅佐夫”号航空母舰。

“基辅”级航空母舰结构图

■ 舰载飞机对比

“克莱蒙梭”级航空母舰

“克莱蒙梭”级航空母舰最多可以搭载40架舰载机，典型配置为10架F-8“十字军”战斗机、16架“超军旗”攻击机、3架“军旗”Ⅳ攻击机、7架“贸易风”反潜机和4架“云雀”Ⅲ直升机。“克莱蒙梭”级航空母舰也可执行两栖作战任务，这种情况下可装载30～40架大型直升机和一个齐装满员的陆战营，也可混合装载18架大型直升机和18架攻击机。

“克莱蒙梭”级航空母舰正前方视角

“圣保罗”号航空母舰

巴西海军购入“福煦”号航空母舰更名为“圣保罗”号航空母舰后，配套机种改为A-4攻击机、C-1运输机以及S-70B反潜直升机。

“圣保罗”号航空母舰搭载的A-4攻击机

“基辅”级航空母舰

“基辅”级航空母舰通常搭载33架舰载机，包括12架雅克-38“铁匠”战斗机以及21架卡-25或卡-27直升机（多数用于反潜，少数用于超视距引导）。不过，由于“基辅”级航空母舰的左侧甲板过短，雅克-38战斗机实际上只能垂直起降，对甲板破坏极大，加上事故频发，最终被迫下舰，使得“基辅”级航空母舰实际上又沦为直升机航空母舰。

“基辅”级航空母舰上停放的卡-25直升机

“维兰玛迪雅”号航空母舰

“维兰玛迪雅”号航空母舰能搭载24架米格-29K战斗机与6架卡-29直升机，也可换为13架米格-29K战斗机和21架卡-29直升机，或者16架米格-29K战斗机和10架卡-29直升机。“维兰玛迪雅”号航空母舰的飞行甲板在操作时最多可停放13架米格-29K战斗机。

“维兰玛迪雅”号航空母舰俯视图

“克莱蒙梭”级航空母舰侧前方视角

“圣保罗”号航空母舰侧前方视角

“基辅”级航空母舰的双联装M-11“施托姆”舰对空导弹发射装置

■ 自卫武器对比

“克莱蒙梭”级航空母舰

“克莱蒙梭”级航空母舰建成时的自卫武器为8门100毫米自动舰炮，后来改装时用2座八联装“响尾蛇”防空导弹发射装置取代了其中4门舰炮。

“圣保罗”号航空母舰

“圣保罗”号航空母舰的自卫武器为2座八联装“响尾蛇”防空导弹发射装置、2座六联装“西北风”近程防空导弹发射装置，以及4门100毫米自动舰炮。

“基辅”级航空母舰

与“克莱蒙梭”级航空母舰不同，“基辅”级航空母舰本身就拥有强大的火力，装有标准的巡洋舰武装，对舰载机依赖性较小。“基辅”级航空母舰具备对舰、对潜、对空的全方位打击火力，主要武器包括4座双联装P-500“玄武岩”反舰导弹发射装置、2座双联装M-11“施托姆”舰对空导弹发射装置、2座双联装9K33“奥萨”舰对空导弹发射装置、2座双联装76.2毫米防空炮、8座AK-630型30毫米近防炮、2座五联装鱼雷发射管、1座双联装SUW-N-1反潜火箭发射器等。

“维兰玛迪雅”号航空母舰

“维兰玛迪雅”号航空母舰的自卫武器完全重新配置，主要武器是以色列制造的“闪电”短程防空导弹和俄罗斯制造的卡什坦近程防御武器系统。

“维兰玛迪雅”号航空母舰侧前方视角

动力装置对比

“克莱蒙梭”级航空母舰

“克莱蒙梭”级航空母舰的动力装置为4台蒸汽轮机和6台锅炉，总推进功率为92672千瓦。

航行中的“克莱蒙梭”级航空母舰

“圣保罗”号航空母舰

巴西海军购入“福煦”号航空母舰后并没有更换动力装置，依然沿用“克莱蒙梭”级航空母舰的配置。

“基辅”级航空母舰

“基辅”级航空母舰的动力装置为4台蒸汽轮机和8台锅炉，采用四轴、双舵设计，总推进功率为147100千瓦。由于“基辅”级航空母舰的舰体尺寸和满载排水量都大于“克莱蒙梭”级航空母舰，所以两者的最高航速都是32节。

“圣保罗”号航空母舰（上）与补给舰（下）编队航行

高速航行的“基辅”级航空母舰

“维兰玛迪雅”号航空母舰

印度海军购入“戈尔什科夫”号航空母舰后，舰上原有的动力系统经过了大幅整修，换装由波罗的海造船厂新造的锅炉，燃料改为柴油，不过整体推进系统设计没有重大变更。

航行中的“维兰玛迪雅”号航空母舰

电子设备对比

“克莱蒙梭”级航空母舰

“克莱蒙梭”级航空母舰配备了DRBV-23B对空搜索雷达、DRBI-10对海搜索雷达、DRBV-15对海搜索雷达、1226导航雷达、NRBA-51助降雷达和DRBC-32B/C火控雷达等电子设备。

“克莱蒙梭”级航空母舰侧前方仰视图

“圣保罗”号航空母舰

“圣保罗”号航空母舰配备了DRBV-23B对空搜索雷达、DRBI-10对海搜索雷达、DRBV-50对海搜索雷达、DRBN-34导航雷达、NRBA-50进场雷达、DRBC-31 火力控制雷达等电子设备。

“圣保罗”号航空母舰左舷视角

“基辅”级航空母舰

“基辅”级航空母舰配备了MR-320“双支柱”对空搜索雷达、“板舵”对空/对海搜索雷达、“棕榈叶”导航雷达、“陷阱门”制导雷达、“头灯C”制导雷达、“汽枪群”制导雷达、“枭鸣”炮瞄雷达、“低音帐篷”炮瞄雷达、“十字剑”制导雷达、“盐罐”敌我识别系统、“马颚”舰壳声呐、“马尾”拖曳声呐等电子设备。

“基辅”级航空母舰俯视图

“维兰玛迪雅”号航空母舰

“维兰玛迪雅”号航空母舰拆除了原本的相控阵雷达，并增设了一部大型三维对空扫描雷达。为了容纳必须的天线设备，“维兰玛迪雅”号上层建筑后方右舷的位置增设了一座桅杆。

“维兰玛迪雅”号航空母舰侧后方视角

3.5 轻型航空母舰四杰：英国“无敌”级VS意大利“加里波第”号VS西班牙“阿斯图里亚斯亲王”号VS泰国“查克里·纳吕贝特”号

英国“无敌”（Invincible）级航空母舰是现代轻型航空母舰的先驱，开创性地采用了直通式飞行甲板和前部上翘的滑跃甲板组合，并率先使用了垂直/短距起降飞机，使航空母舰设计大为简化。尽管存在一些先天不足，但“无敌”级航空母舰还是被公认为现代轻型航空母舰的样板，开创了航空母舰发展的新道路。“无敌”级航空母舰的设计被其他国家的轻型航空母舰普遍采用，如意大利“加里波第”（Garibaldi）号、西班牙“阿斯图里亚斯亲王”（Pr í ncipe de Asturias）号和泰国“查克里·纳吕贝特”（Chakri Naruebet）号等。

“无敌”级航空母舰3D模型图

“加里波第”号航空母舰3D模型图

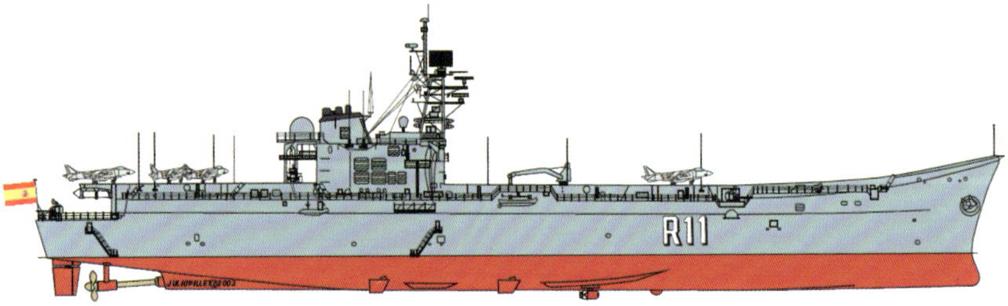

“阿斯图里亚斯亲王”号航空母舰外形图

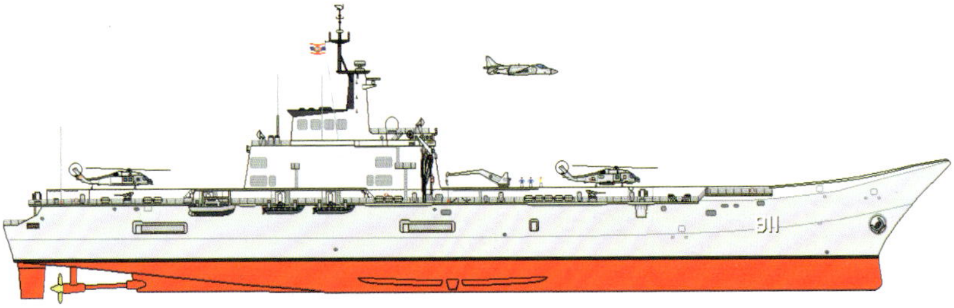

“查克里·纳吕贝特”号航空母舰外形图

“无敌”级航空母舰

“加里波第”号航空母舰

“阿斯图里亚斯亲王”号航空母舰

“查克里·纳吕贝特”号航空母舰

基本参数对比

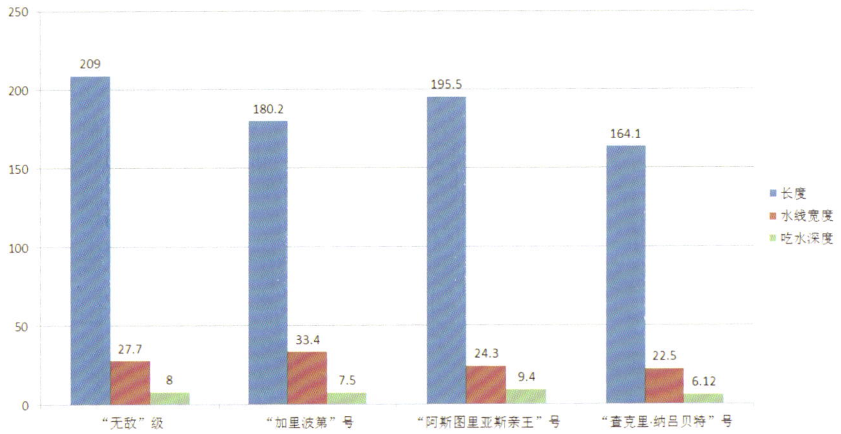

舰体尺寸对比（单位：米）

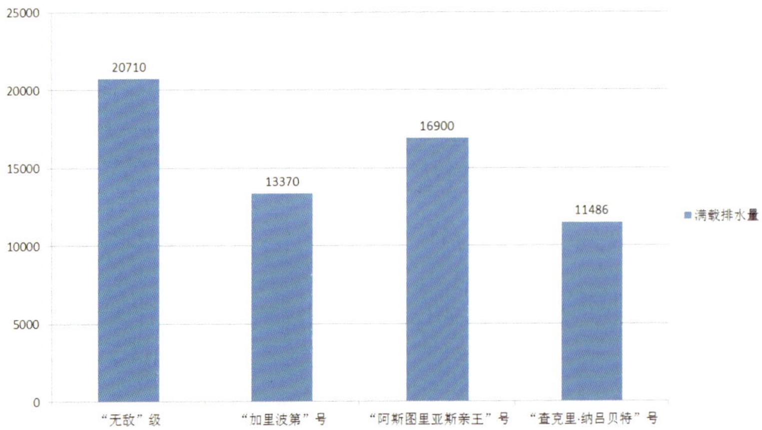

满载排水量对比（单位：吨）

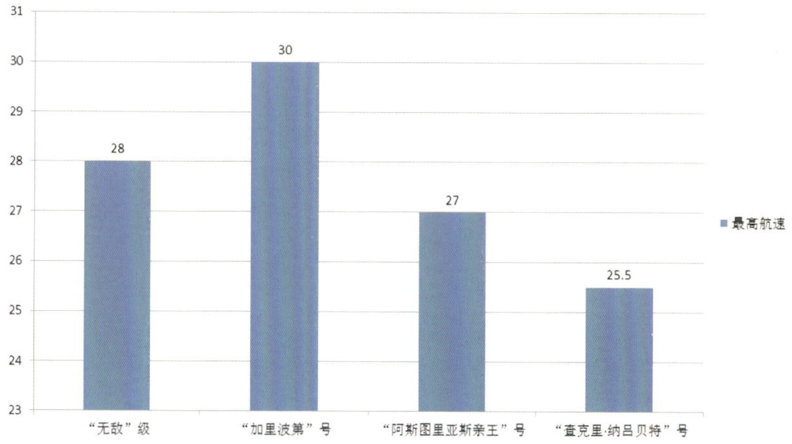

最高航速对比（单位：节）

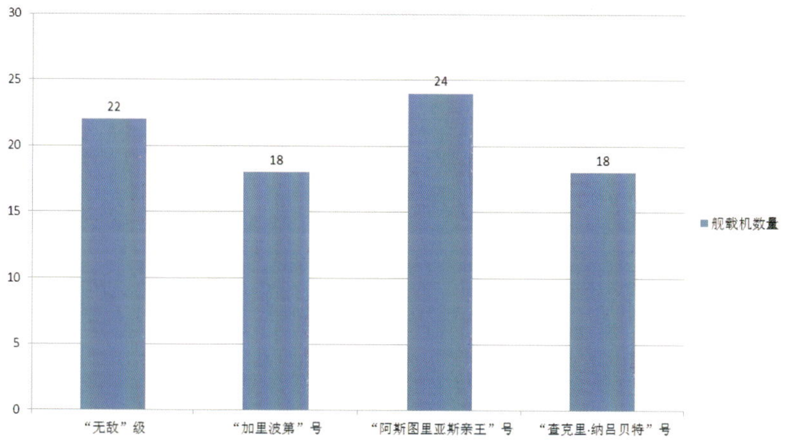

舰载机数量对比（单位：架）

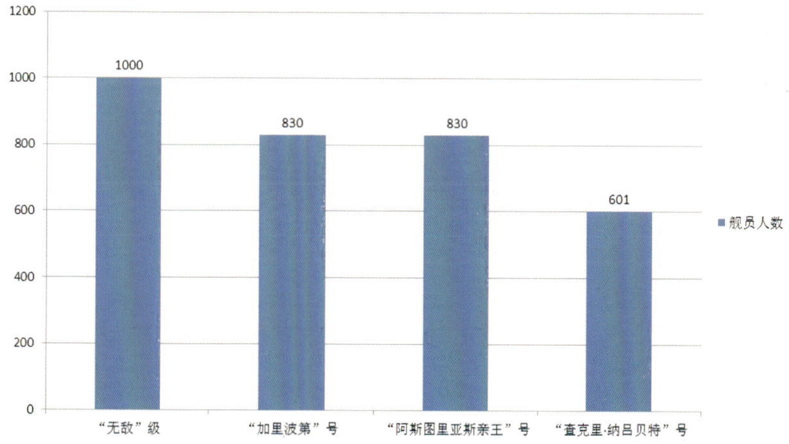

舰员人数对比（单位：人）

■ 建造背景概述

“无敌”级航空母舰

20世纪60年代中期，由于国防预算大幅削减，英国取消了计划中的CAV-01大吨位攻击型航空母舰项目，但为了在北约框架内完成海上保护交通线的使命，仍决定设计建造一种以反潜为主、兼顾防空作战的大型主力战舰，即“无敌”级航空母舰。首舰“无敌”号（R05）于1973年7月开工建造，1980年7月服役。二号舰“卓越”号（R06）于1982年6月服役，三号舰“皇家方舟”号（R07）于1985年11月服役。“无敌”号航空母舰于2005年7月退为预备役直至2010年，之后退役拆解。“皇家方舟”号航空母舰于2011年退役，并出售给土耳其拆解。2014年8月，“卓越”号航空母舰正式退役。

“无敌”级航空母舰右舷后方视角

“加里波第”号航空母舰

与重视航空母舰发展的英国不同，意大利由于战略思想偏差的原因始终拒绝发展航空母舰。二战后，国力日衰的意大利虽然有心建造航空母舰，却没有足够的财力支持。直到20世纪70年代中期，意大利海军才首次提出建造一艘“载机巡洋舰”，该计划促成了“加里波第”号（C551）航空母舰的出现。该舰于1981年3月开工建造，1983年6月下水，1985年9月正式服役，成为继“无敌”级航空母舰之后出现的又一具有代表性的轻型航空母舰。它比“无敌”级航空母舰更轻，排水量只有后者的三分之二。

“加里波第”号航空母舰（下）与美国“尼米兹”级航空母舰（上）

“阿斯图里亚斯亲王”号航空母舰

在意大利海军建造“加里波第”号航空母舰的同时，西班牙海军也计划建造一艘新的航空母舰，以取代购自美国的老旧航空母舰“迷宫”号。由于建造大中型航空母舰耗资巨大，国力难以承受，因此西班牙海军看中了搭载垂直/短距起降飞机的轻型航空母舰。1979年10月，西班牙巴赞造船厂开始建造“阿斯图里亚斯亲王”号（R11）航空母舰。1982年，西班牙国王胡安·卡洛斯一世和王后见证了“阿斯图里亚斯亲王”号航空母舰的下水仪式。此后，由于需要增加“特里坦”数位指挥控制系统，原来的系统设计必须大幅更改，直至1988年5月30日才正式服役。2013年，西班牙考虑到军费拮据，加上舰龄日高，操作与维修成本较为昂贵，“阿斯图里亚斯亲王”号航空母舰正式退役。

“阿斯图里亚斯亲王”号航空母舰侧前方视角

“查克里·纳吕贝特”号航空母舰

造价相对低廉、建造时间较快的“阿斯图里亚斯亲王”号航空母舰还引起了泰国海军的兴趣。1992年3月，泰国海军和巴赞造船厂签订了一艘航空母舰的建造合同，泰国海军将其命名为“查克里·纳吕贝特”号（911）。该舰于1994年6月12日开工建造，1996年1月20日下水，1997年3月20日移交给泰国海军。随后，在西班牙海军的帮助下，泰国海军在西班牙罗塔基地进行了4个月的舰员培训。1997年8月，“查克里·纳吕贝特”号航空母舰开赴泰国，由泰国自行加装部分武器、作战系统等，最终于1998年正式投入使用。

“查克里·纳吕贝特”号航空母舰（下）与“阿斯图里亚斯亲王”号航空母舰（上）

舰体构造对比

“无敌”级航空母舰

“无敌”级航空母舰的上层建筑集中于右舷，里面布置有飞行控制室、封闭式主桅、各种雷达天线和前后两个烟囱。其飞行甲板长168米，宽32米，飞行甲板下面设有7层甲板，中部设有机库和4个机舱。机库高7.6米，占有3层甲板，长度约为舰长的75%，可容纳约20架飞机，机库两端各有一座升降机。“无敌”级航空母舰最大的特点是应用了滑跃跑道，就是将飞行跑道前端约27米长的一段做成平缓曲面，向舰艏上翘，“无敌”号和“卓越”号航空母舰的上翘角度为7度，“皇家方舟”号航空母舰为12度。

“加里波第”号航空母舰

“加里波第”号航空母舰的外形与“无敌”级航空母舰大致相同，也是直通式飞行甲板，甲板前部有6.5度的上翘。机库设在飞行甲板下面，长110米、宽15米，总面积1650平方米。在右舷上层建筑前后各有一座升降机，长18米、宽10米，载重15吨。

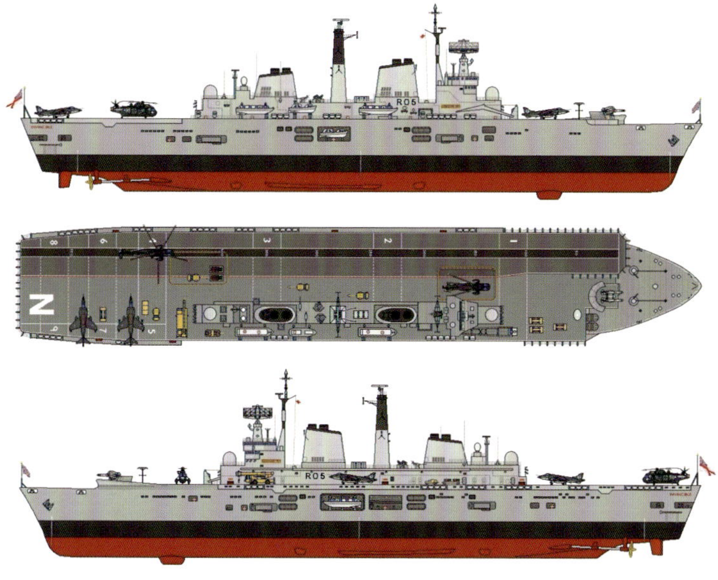

“无敌”级航空母舰结构图

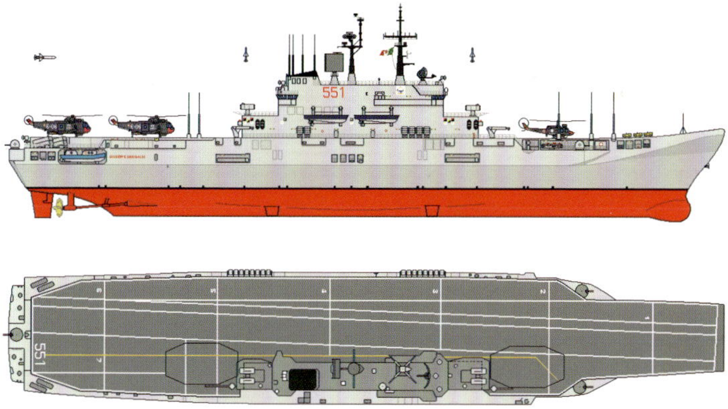

“加里波第”号航空母舰结构图

“阿斯图里亚斯亲王”号航空母舰

“阿斯图里亚斯亲王”号航空母舰的排水量介于“无敌”级与“加里波第”号航空母舰之间，其岛式上层建筑的体积比后两者的还要小，内部仅设有舰桥和飞行控制室，烟囱与桅杆则紧凑地整合在岛式上层建筑里。“阿斯图里亚斯亲王”号航空母舰也采用了滑跃甲板设计，在舰艏跑道末端加装了一段12度仰角飞行甲板。该舰的飞行甲板在主甲板之上，从而形成敞开式机库，这在二战后的航空母舰中是绝无仅有的，其他航空母舰都是飞行甲板与主甲板在同一水平面上，机库封闭。

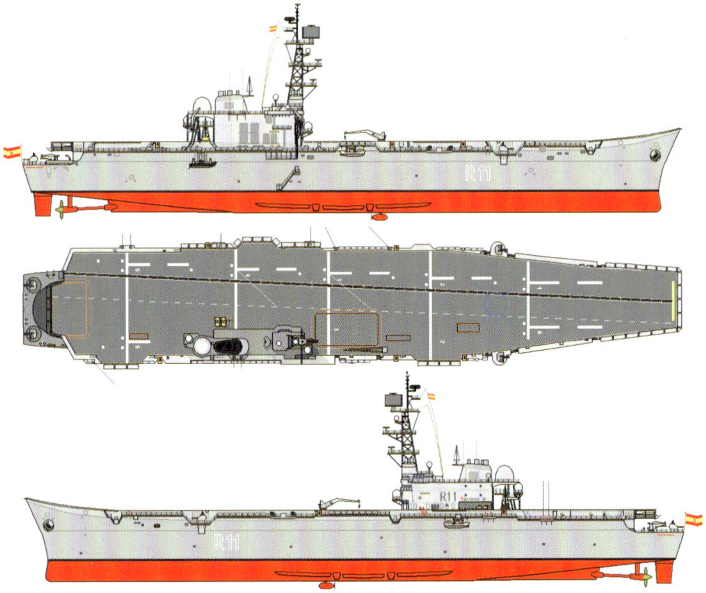

“阿斯图里亚斯亲王”号航空母舰结构图

“查克里·纳吕贝特”号航空母舰

“查克里·纳吕贝特”号航空母舰同样采用滑跃跑道设计，上翘角度为12度。飞行甲板之下为机库甲板，机库长100米。中间有防火帘将机库分成前、后两部分，共可存放15架“海王”直升机或12架AV-8B“海鹞”Ⅱ攻击机。如果在升降机平台及机库空余地上都停放飞机时，即可达到规定的载机数量。机库内还有2座与水线下弹药舱相连的弹药升降机，专为飞机装弹。为了提高耐波性，该舰安装了展翼型防摇龙骨，并装设了2对液压自动控制的减摇鳍。

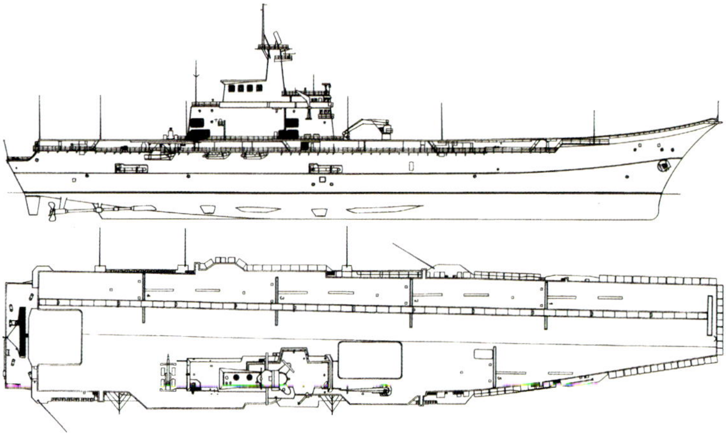

“查克里·纳吕贝特”号航空母舰结构图

■ 舰载飞机对比

“无敌”级航空母舰

“无敌”级航空母舰采用的滑跃跑道设计使航空母舰这一舰种进入了不依赖弹射装置便可以起降战斗机的新时期。滑跃跑道可在载重量不变的情况下令舰载机滑跑距离减少60%，在滑跑距离不变的情况下可使舰载机载重增加20%。“无敌”级航空母舰的标准载机为12架“海鹞”垂直/短距起降战斗机和10架“海王”直升机。“海鹞”垂直/短距起降战斗机主要担负夺取空中优势、舰队防空、武力投送等任务，还能支援反潜作战。“海王”直升机是美制SH-3“海王”直升机的英国版，主要配备反潜型和运输型。

“无敌”级航空母舰左舷视角

“加里波第”号航空母舰

“加里波第”号航空母舰的标准舰载机配置是8架AV-8B“海鹞”Ⅱ攻击机和8架SH-3D“海王”直升机，在特殊情况下，也可只搭载16架AV-8B“海鹞”Ⅱ攻击机或18架SH-3D“海王”直升机。

“加里波第”号航空母舰搭载的AV-8B“海鹞”Ⅱ攻击机

“阿斯图里亚斯亲王”号航空母舰

“阿斯图里亚斯亲王”号航空母舰的机库面积达2300平方米，比同类航空母舰多出70%，接近法国中型航空母舰的水平。该舰通常搭载12架AV-8B“海鹞”Ⅱ攻击机、6架SH-3“海王”反潜直升机、4架SH-3 AEW“海王”预警直升机、2架AB-212通用直升机。

“阿斯图里亚斯亲王”号航空母舰搭载的AV-8B“海鹞”Ⅱ攻击机

“查克里·纳吕贝特”号航空母舰

与“阿斯图里亚斯亲王”号航空母舰相比，“查克里·纳吕贝特”号航空母舰在多项战术技术性能上有了显著的提高。该舰的满载排水量比“阿斯图里亚斯亲王”号航空母舰缩小了近三分之一，而载机量仅减少四分之一，单位排水量的载机率有所提高。“查克里·纳吕贝特”号航空母舰搭载的机型主要是AV-8B“海鹞”Ⅱ攻击机和SH-3“海王”反潜直升机。

“查克里·纳吕贝特”号航空母舰侧前方视角

自卫武器对比

“无敌”级航空母舰

由于“海鹞”垂直/短距起降战斗机在空战性能上无法与传统起降超音速战斗机相提并论，因此“无敌”级航空母舰本身必须装备足够的防空武装才能有效保卫自身安全，其主要武器为1座双联装“海标枪”舰对空导弹发射装置（备弹36枚），该导弹为半主动雷达制导，射程40千米，最大速度2马赫，有一定反舰能力。除“海标枪”舰对空导弹外，“无敌”级航空母舰还装有3座Mk 15“密集阵”近程防御武器系统（“皇家方舟”号）或3座“守门员”近程防御武器系统（“无敌”号和“卓越”号），2门20毫米厄利空防空炮。

“无敌”级航空母舰（右）进行海上补给

“加里波第”号航空母舰

“加里波第”号航空母舰的武器配置齐全，反舰、防空及反潜三者兼备，既可作为航空母舰编队的指挥舰，又可单独行动。该舰装有2座“信天翁”防空导弹发射装置（发射“阿斯派德”导弹，弹药基数72枚）、4座奥托马特Mk 2反舰导弹发射装置、3座双联装40毫米博福斯防空炮和2座三联装324毫米鱼雷发射装置（发射Mk 46或A244鱼雷）。

“加里波第”号航空母舰侧后方视角

“阿斯图里亚斯亲王”号航空母舰

“阿斯图里亚斯亲王”号航空母舰的主要自卫武器为4座“梅罗卡”近程防御武器系统，其中舰身前段左右各设有一座，另外2座则位于舰艉。此外，舰上还有8枚美制“鱼叉”反舰导弹。

“阿斯图里亚斯亲王”号航空母舰侧前方仰视图

“查克里·纳吕贝特”号航空母舰

由于经费不足，“查克里·纳吕贝特”号航空母舰的自卫武器远少于“阿斯图里亚斯亲王”号航空母舰，仅装有3座六联装“萨德拉尔”防空导弹系统，可发射“西北风”近程防空导弹。

“查克里·纳吕贝特”号航空母舰（下）和美国海军“小鹰”号航空母舰（上）

■ 动力装置对比

“无敌”级航空母舰

“无敌”级航空母舰率先在航空母舰这一舰种上采用了全燃气轮机动力装置，装有4台劳斯莱斯公司的“奥林巴斯”TM3B燃气轮机和8台帕克斯曼“瓦伦塔”柴油发电机，总推进功率为75000千瓦。

航行中的“无敌”级航空母舰

“加里波第”号航空母舰

“加里波第”号航空母舰的动力系统也采用了体积小、重量轻、功率大、启动快、操纵灵活的燃气轮机，具体配置为4台通用电气公司的LM2500燃气轮机和6台柴油发电机，总推进功率为60400千瓦，航速达到30节，而且机动性强，从静止状态到全功率状态只需3分钟。

航行中的“加里波第”号航空母舰

“阿斯图里亚斯亲王”号航空母舰

“阿斯图里亚斯亲王”号航空母舰的动力装置为2台燃气轮机（总推进功率为34127千瓦），并且是单轴单桨，这在现代航空母舰中是独一无二的。

航行中的“阿斯图里亚斯亲王”号航空母舰

“查克里·纳吕贝特”号航空母舰

“查克里·纳吕贝特”号航空母舰基本沿用了“阿斯图里亚斯亲王”号航空母舰的动力装置。

航行中的“查克里·纳吕贝特”号航空母舰

■ 电子设备对比

“无敌”级航空母舰

“无敌”级航空母舰配备了马可尼1022型D波段对空搜索雷达、马可尼992R型对海搜索雷达、凯尔文·休斯1007型导航雷达、马可尼909型火控雷达、普莱西2016型舰壳声呐、ADAWS 10作战数据自动处理系统等电子设备。

“无敌”级航空母舰俯视图

“加里波第”号航空母舰侧前方视角

“加里波第”号航空母舰

“加里波第”号航空母舰配备了MM/SPS-768长程雷达、AN/SPN-728近距雷达、AN/SPS-774预警雷达、AN/SPS-52C预警雷达、AN/SPS-702对海搜索雷达、AN/SPN-749导航雷达、RTN-30火控雷达、RTN-10X火控雷达等电子设备。

“阿斯图里亚斯亲王”号航空母舰的雷达天线特写

“阿斯图里亚斯亲王”号航空母舰

“阿斯图里亚斯亲王”号航空母舰的雷达与电子战系统多半从美国引进，包括AN/SPS-52C/D三维对空搜索雷达、AN/SPS-55对海搜索雷达、AN/SPN-35A航空管制雷达等。

“查克里·纳吕贝特”号航空母舰正后方视角

“查克里·纳吕贝特”号航空母舰

“查克里·纳吕贝特”号航空母舰配备了AN/SPS-52C对空搜索雷达、AN/SPS-64对海搜索雷达、MX 1105型卫星导航系统、URN-25“塔康”导航系统等电子设备。由于该舰需担负泰国海军的舰队旗舰指挥任务，因此舰上设有相关的指挥设备。

3.6 世纪新兵：意大利"加富尔"号 VS 印度"维克兰特"号

从2000年至今，世界各国新造的常规动力航空母舰并不多，除了英国正在建造的"伊丽莎白女王"级大型航空母舰，便只有意大利"加富尔"（Cavour）号和印度"维克兰特"（Vikrant）号这两艘轻型航空母舰。"加富尔"号航空母舰是意大利在21世纪建造的第一艘航空母舰，其名称是为了纪念1861年下令组建意大利海军的意大利总理加富尔。"维克兰特"号航空母舰是印度自行研制的第一艘航空母舰，舰名是为了纪念印度从英国采购的同名航空母舰。

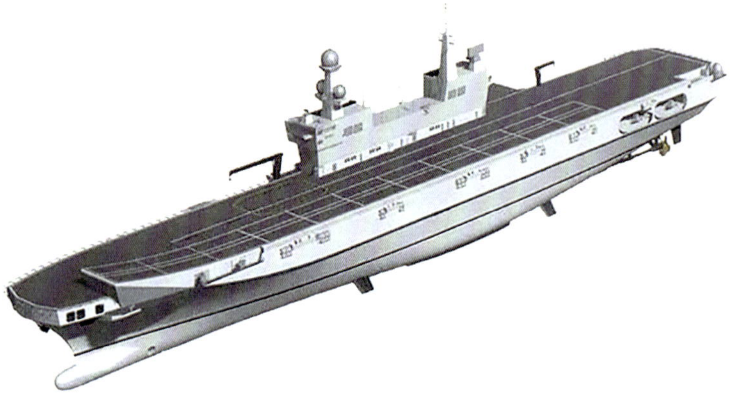

"加富尔"号航空母舰3D模型图

"维克兰特"号航空母舰3D模型图

“加富尔”号航空母舰

“维克兰特”号航空母舰

■ 基本参数对比

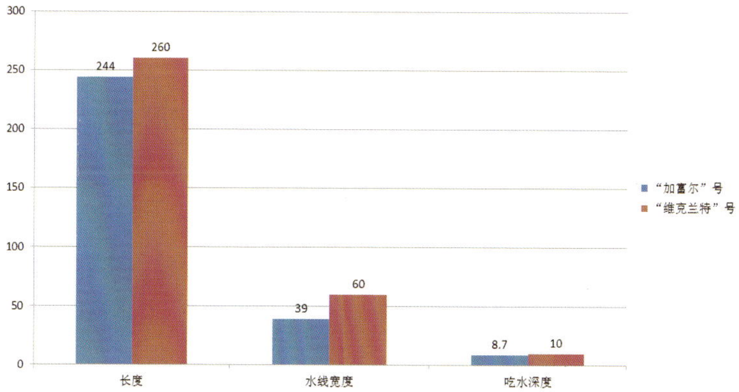

舰体尺寸对比（单位：米）

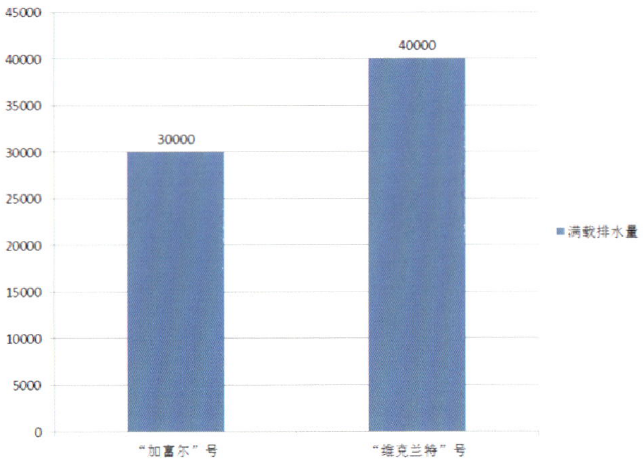

满载排水量对比（单位：吨）

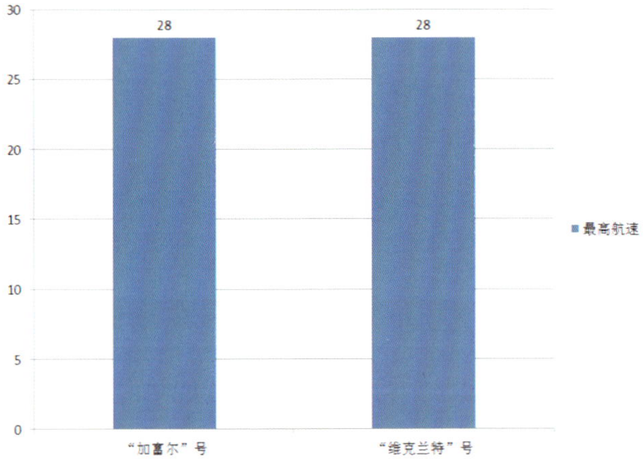

最高航速对比（单位：节）

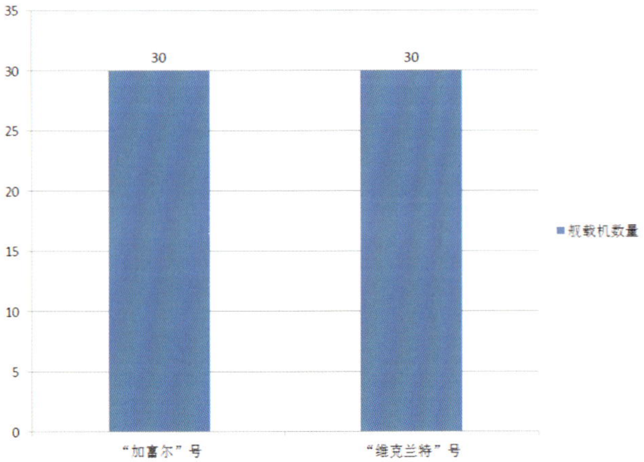

舰载机数量对比（单位：架）

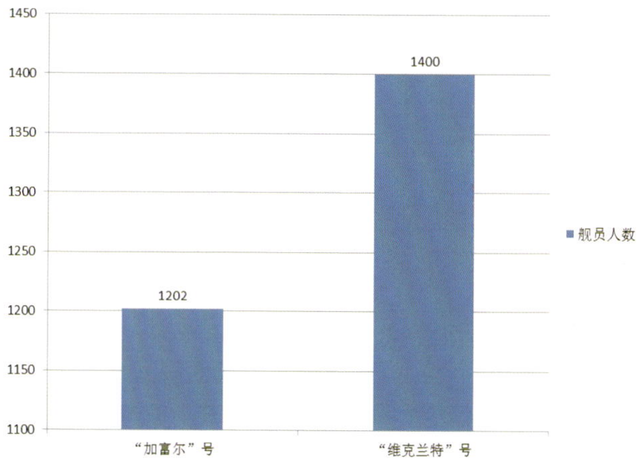

舰员人数对比（单位：人）

■ 建造背景概述

“加富尔”号航空母舰

1998年初，意大利国防委员会批准了建造新型多用途航空母舰的计划，但由于意大利海军预算缩减，该计划被迫延后一年左右。另外，由于受到经费限制，新型航空母舰的尺寸、体积和排水量都变小了。新舰“加富尔”号（C550）于2001年开工建造，采用了分段建造的新方法。2004年7月，“加富尔”号航空母舰在热那亚下水，时任意大利总统钱皮在下水仪式上发表了讲话。2008年3月，“加富尔”号航空母舰正式服役。目前，“加富尔”号航空母舰是意大利海军排水量最大的水面舰艇，它与“地平线”级驱逐舰和欧洲多任务护卫舰一起组成了颇具欧洲特色的海上远洋舰队，是意大利海军的核心力量。

停泊在港口中的“加富尔”号航空母舰

“维克兰特”号航空母舰

21世纪初，由于印度购自俄罗斯的“维兰玛迪雅”号航空母舰的升级工作一再延误，且改造费用不断攀升。因此，印度自行建造航空母舰的工程正式上马，即“维克兰特”号航空母舰，但其进展并不顺利，工期一再延误。2011年12月29日，“维克兰特”号在印度国营科钦造船厂出坞“下水”。不过，该舰此次下水是为了把船坞让给其他船舶的建造，由于它的齿轮箱、发电机和管道还未安装，所以之后又再次入坞。直到2013年8月，“维克兰特”号才真正下水。根据各国军工企业发布的公开信息，“维克兰特”号航空母舰的燃气轮机、螺旋桨、升降机，以及相控阵雷达、指挥控制系统、卫星通信、惯性导航、电子对抗等关键部分，都是从外国引进的。该舰计划于2019年开始海试，2020～2023年间正式服役。

刚刚下水的“维克兰特”号航空母舰

■ 舰体构造对比

“加富尔”号航空母舰

“加富尔”号航空母舰使用全通飞行甲板，采用了英国“无敌”级航空母舰的滑跃跑道设计。其飞行甲板长220米、宽34米，起飞跑道长度180米、宽14米，斜坡甲板倾斜度为12度，有一个合成孔径雷达平台突出在外。该舰的环境非常舒适，能为每位人员提供高品质的住宿条件和高品质的服务。高级船员和军官使用单人间或双人间，中士以下使用四人间，公用区仅用于海军陆战队队员。

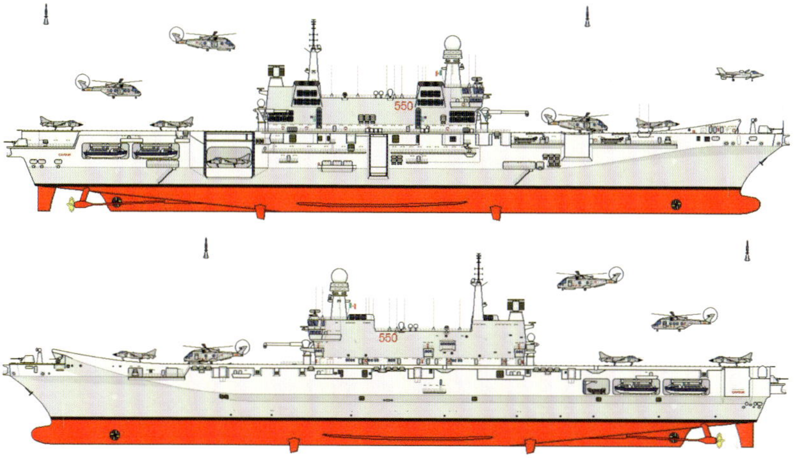

“加富尔”号航空母舰结构图

“维克兰特”号航空母舰

“维克兰特”号航空母舰的舰体长260米，宽60米，高度相当于14层建筑，共有5层甲板，最上层为飞行甲板，其次是机库甲板，下面还有两层甲板和底层的支撑甲板。“维克兰特”号航空母舰拥有全通式斜角飞行甲板，2座升降机分别位于岛式上层建筑的两侧。固定式主桅位于2座封闭式烟囱排气口后方，固定式主桅中间高度上装有小型球面整流罩，雷达天线位于其顶端。飞行甲板上设有2条约200米长的跑道，一条为专供飞机起飞的滑跃跑道，另一条为装有3条拦阻索的着舰跑道。

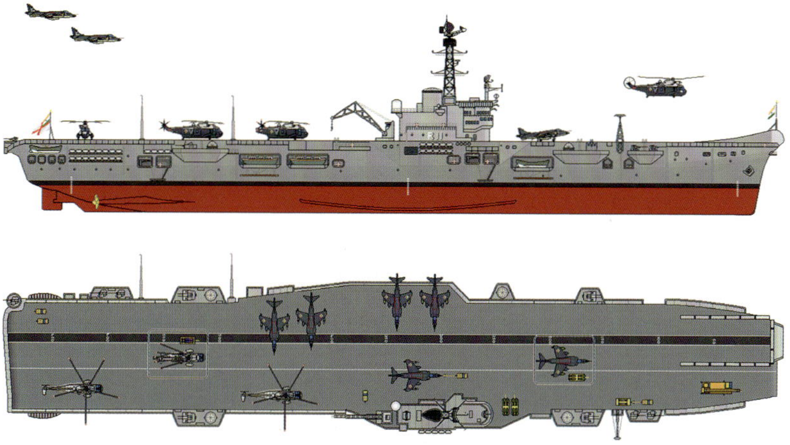

“维克兰特”号航空母舰结构图

■ 舰载飞机对比

“加富尔”号航空母舰

“加富尔”号航空母舰最多可搭载30架舰载机，舰载机停放区位于跑道旁边，可停放12架舰载直升机（EH-101直升机）或8架固定翼舰载机（AV-8B攻击机或F-35战斗机），其他舰载机存放在机库。甲板上有6个直升机起降区，可以起降中型直升机。

“加富尔”号航空母舰参加军事演习

“维克兰特”号航空母舰

“维克兰特”号航空母舰最多可搭载30架舰载机，其中17架可存放在机库内。该舰预计可搭载的舰载机有米格-29K战斗机、“光辉”战斗机、卡-31直升机、WS-61“海王”直升机和“北极星”直升机等。

尚未安装岛式上层建筑的“维克兰特”号航空母舰

自卫武器对比

“加富尔”号航空母舰

“加富尔”号航空母舰的自卫武器为4座八联装A-43“席尔瓦”导弹发射装置（发射阿斯特-15防空导弹）、2门76毫米超高速舰炮和3门25毫米防空炮。

“加富尔”号航空母舰侧前方视角

“维克兰特”号航空母舰

“维克兰特”号航空母舰的自卫武器为2组三十二联装“巴拉克”导弹垂直发射系统、4门奥托布雷达76毫米高平两用舰炮和AK-630型30毫米近防炮（数量不详）。

船坞中的“维克兰特”号航空母舰

动力装置对比

“加富尔”号航空母舰

“加富尔”号航空母舰沿用传统的复合燃气涡轮与燃气涡轮系统（COGAG），使用4台美国通用电气公司授权意大利菲亚特公司生产的LM2500燃气轮机，双轴推进，总输出功率达88000千瓦。“加富尔”号航空母舰的最高航速为29节，以16节速度航行时的续航距离为7000海里，能持续在海上操作18天。舰上的电力供应由6台柴油发电机负责，总功率为13200千瓦。

航行中的“加富尔”号航空母舰

“维克兰特”号航空母舰

“维克兰特”号航空母舰的主要动力装置与“加富尔”号航空母舰相同，同样为4台通用电气公司的LM2500燃气轮机，双轴推进。不过，“维克兰特”号航空母舰的满载排水量大于“加富尔”号航空母舰，所以最高航速要低于后者，仅有28节。

“维克兰特”号航空母舰侧前方仰视图

■ 电子设备对比

“加富尔”号航空母舰

“加富尔”号航空母舰拥有完善的先进探测与作战系统，由阿莱尼亚·马可尼公司负责整合。该舰配备了RAN-40L长程对空搜索阵列雷达、SPY-790多功能相控阵雷达、RAN-30X监视雷达、敌我识别器与导航雷达等电子设备。其中，RAN-40L雷达使用先进的有源阵列收发元件技术，全固态电子元件，最大搜索距离400千米，最小搜索距离180米，最大搜索高度为30千米。

“加富尔”号航空母舰后方视角

“维克兰特”号航空母舰

“维克兰特”号航空母舰配备了RAN-40L型C波段雷达，该雷达由意大利塞莱克斯公司研制，能够利用有源电子扫描阵列天线提供火力控制和监视功能。这种雷达安装在一个集成的桅杆上，配备4套固定天线，能够提供360度全方位覆盖范围（每套天线提供90度）。

“维克兰特”号航空母舰的配备的RAN-40L雷达

第4章　早期航空母舰巅峰对决

航空母舰萌芽于20世纪初期，英国、日本和美国是世界上最先开始研制航空母舰的几个国家，后来各国海军你追我赶，建造了大量风格迥异、用途广泛的航空母舰，使航空母舰这一舰种在二战后期成功取代战列舰成为新的海上霸主。

4.1 懵懂探索：英国“百眼巨人”号 VS 美国“兰利”号

在航空母舰发展的最初阶段，各国海军往往是将其他舰只改装成航空母舰并进行相关试验，以此验证这一全新舰种的实用性。虽然这些改装而来的航空母舰存在诸多问题，但在航空母舰发展史上的开拓性地位是毋庸置疑的。英国“百眼巨人”（Argus）号和美国“兰利”（Langley）号便是这类航空母舰中的典型代表。“百眼巨人”号航空母舰是英国海军第一艘真正意义上的航空母舰外形的军舰，也是世界上第一艘全通式飞行甲板航空母舰。“兰利”号航空母舰是美国海军装备的第一艘舰队航空母舰，标志着美国海军航空母舰时代的来临。

“百眼巨人”号航空母舰3D模型图

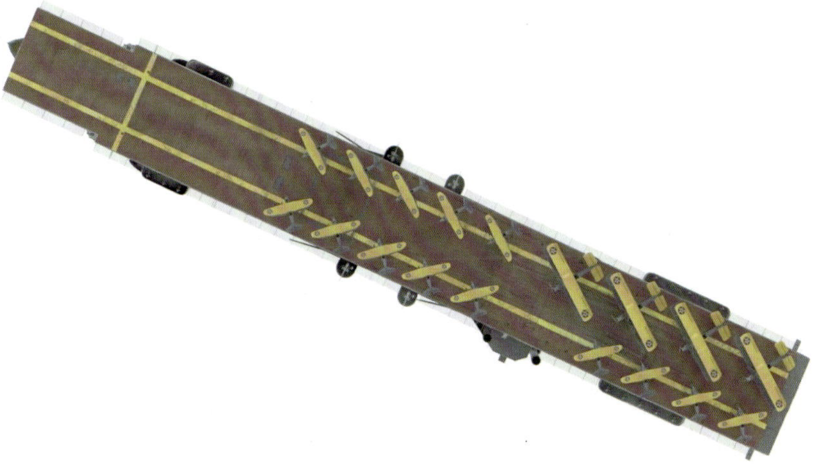

“兰利”号航空母舰3D模型图

■ 基本参数对比

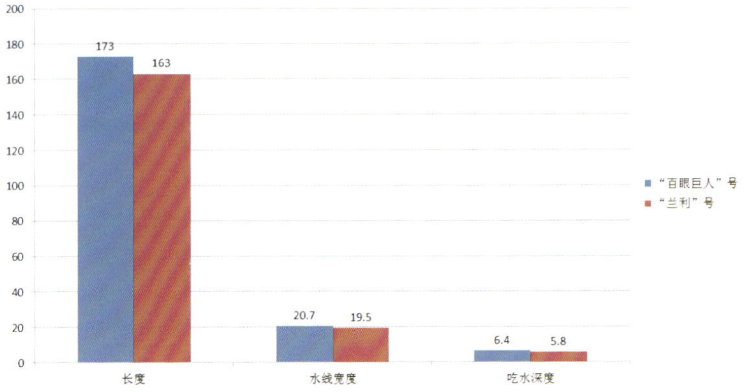

舰体尺寸对比（单位：米）

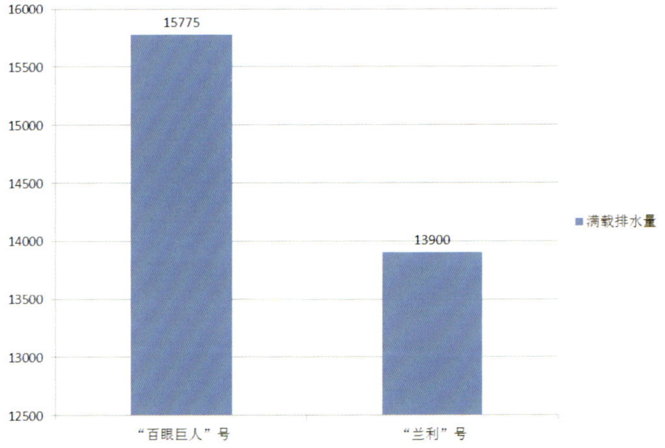

满载排水量对比（单位：吨）

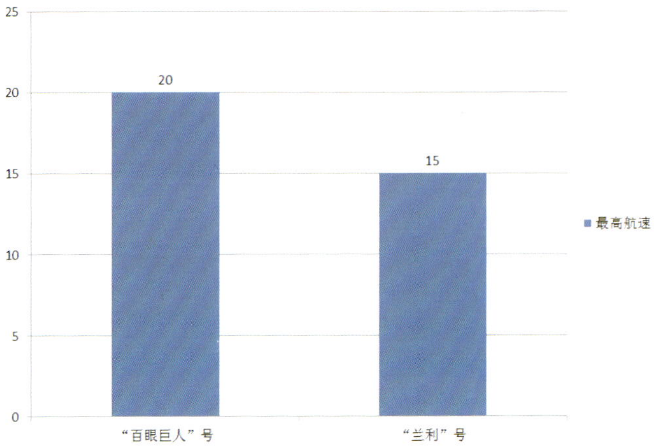

最高航速对比（单位：节）

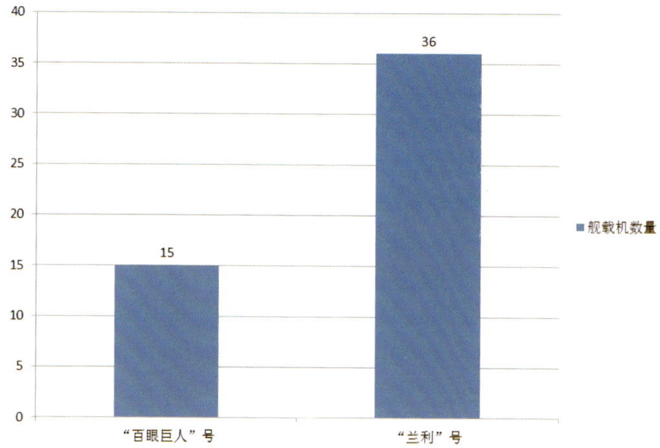

舰载机数量对比（单位：架）

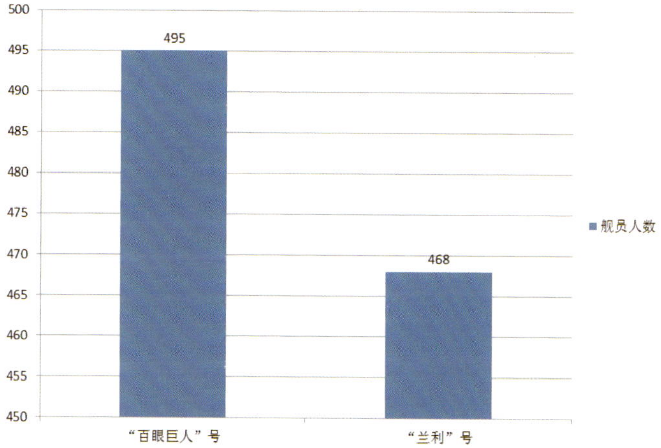

舰员人数对比（单位：人）

■ 建造背景概述

“百眼巨人”号航空母舰

“百眼巨人”号航空母舰最初是意大利罗亚德·萨包多公司建造的“罗索伯爵”号远洋邮轮，于1914年安放龙骨，尚未下水就因一战爆发而停工。1916年，该舰被英国海军买下，并着手改装为航空母舰。舰上原有的烟囱被拆除，设计人员设计出从主甲板下面通向舰艉的水平排烟道，从而清除了妨碍飞机起降的最大障碍。飞行跑道前后贯通，形成了全通式的飞行甲板，大大方便了舰载机的起降作业。英国海军以希腊神话中的百眼巨人来命名这艘划时代的军舰。此后，这种结构的航空母舰便被称为“平原型”。

1918年5月，“百眼巨人”号的改装工程完工。同年9月，该舰编入英国海军的作战序列。1918年10月1日，由理查·贝尔·戴维斯中校驾驶的“支柱”式飞机首次降落在“百眼巨人”号上。当时，英国试图让“百眼巨人”号携带鱼雷轰炸机对德国公海舰队的锚地发动攻击，但因战争结束而没有实施。

二战初期，因英国海军航空母舰损失惨重，已改为训练航空母舰的“百眼巨人”号被召回第一线，并成为英国海军唯一能搭载机翼无法折叠的飞机的航空母舰。1946年5月6日，“百眼巨人”号航空母舰从英国海军除籍，1947年被出售并拆毁。

涂有眩晕迷彩的“百眼巨人”号航空母舰

“兰利”号航空母舰

与“百眼巨人”号航空母舰一样，“兰利”号航空母舰也是由运输舰船改装而来。“兰利”号航空母舰的前身“朱比特”号运煤舰于1911年10月18日开工建造，1912年8月14日下水，次年4月7日成军。美国参加一战之前，“朱比特”号成为美国大西洋舰队辅助舰战队的一员，巡弋于大西洋与墨西哥湾之间。战后，“朱比特”号前往欧洲海域担任供煤的任务，以服务运送部队返美的海军舰只。1919年7月11日，美国海军决定将“朱比特”号改装为航空母舰。1919年12月12日，“朱比特”号返抵维吉尼亚州的汉普顿锚地，并于1920年3月24日除役。

1920年4月11日，“朱比特”号更名为“兰利”号（CV-1），以纪念美国航空先驱、物理与天文学家，同时也是莱特兄弟的竞争者——塞缪尔·兰利博士。“兰利”号的改装工程在诺福克港进行，1922年3月20日重新服役。

“兰利”号航空母舰侧前方视角

■ 舰体构造对比

“百眼巨人”号航空母舰

“百眼巨人”号航空母舰最初计划在两舷侧甲板分别装设并列的岛式上层建筑，容纳舰桥与烟囱，但因为被认为会造成气流紊乱，阻碍飞行而取消此计划，取消了飞行甲板以上所有的上层建筑，形成“平顶船”的样式。在舰体两舷设有露天舰桥，并在飞行甲板前部中心线安装小的升降式操舵室，飞行作业时下降到甲板以下。“百眼巨人”号航空母舰利用了邮轮船体宽大的内部空间设置单层机库，以及燃油库、弹药库等与航空作业相关的舱室，机库前部与中后部有2座升降机，用于在机库与飞行甲板之间转移舰载机。以当时的标准来说，“百眼巨人”号航空母舰的机库算是相当大的。因此，“百眼巨人”号航空母舰成为英国海军执行运输飞机任务的重要舰只，并经常被部署在海外。

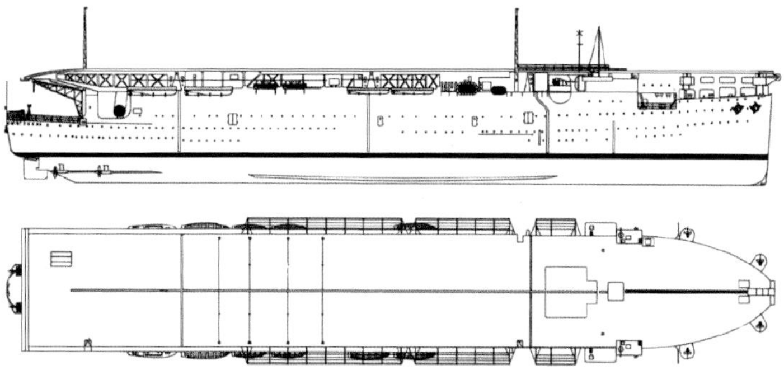

“百眼巨人”号航空母舰结构图

“兰利”号航空母舰

“兰利”号航空母舰是一艘典型的平原型航空母舰。舰体最上方是长163米、宽19.5米的全通式飞行甲板，舰桥则位于飞行甲板的右舷前部下方，舰体左舷装有2个可收放的铰链式烟囱。飞行甲板由13个单柱桁架支撑，中部装有1座升降机，下面为原来的6个煤舱中的4个改装而成的敞开式机库。飞行甲板下面，在贯通艏艉的轨道上有2台移动式吊车，把舰载机从机库吊到升降机上，再由升降机提到飞行甲板。

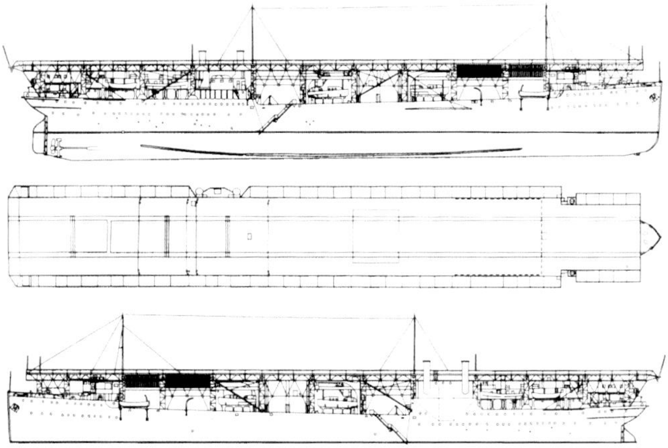

“兰利”号航空母舰结构图

■ 舰载飞机对比

“百眼巨人”号航空母舰

“百眼巨人”号航空母舰通常搭载15架舰载机，包括7架“管鼻燕”战斗机和8架“剑鱼”攻击机。

“百眼巨人”号航空母舰机库中的舰载机

“兰利”号航空母舰

“兰利”号航空母舰可以搭载36架舰载机，由于主要担负舰载机飞行员的训练任务，所搭载的舰载机也多为教练机，如艾尔马林39-B（Aeromarine 39-B）教练机。

“兰利”号航空母舰飞行甲板尾部的舰载机

自卫武器对比

“百眼巨人”号航空母舰

“百眼巨人”号航空母舰的自卫武器为6门102毫米单管炮、8门102毫米防空炮、4门47毫米防空炮、4挺防空机枪和10挺“刘易斯”轻机枪。

“兰利”号航空母舰

“兰利”号航空母舰的自卫武器远少于“百眼巨人”号航空母舰，只有4门127毫米51倍径舰炮。不过，该舰在服役期间主要用于训练舰载机飞行员，并不直接参加战斗，所以自卫武器较为简单也属正常。

“百眼巨人”号航空母舰右舷视角

停泊在港口中的“兰利”号航空母舰

动力装置对比

“百眼巨人”号航空母舰

“百眼巨人”号航空母舰的动力装置为4台蒸汽轮机和12台锅炉，推进功率为15000千瓦，最高航速为20节。以10节速度航行时，“百眼巨人”号航空母舰的续航距离为3600海里。

航行中的“百眼巨人”号航空母舰

“兰利”号航空母舰

“兰利”号航空母舰的动力装置为3台锅炉和2台电动机，双轴推进，推进功率为5400千瓦，最高航速仅有15.5节。以10节速度航行时，“兰利”号航空母舰的续航距离为3500海里。

航行中的“兰利”号航空母舰

4.2 航空母舰鼻祖：英国“竞技神”号 VS 日本“凤翔”号 VS 美国“游骑兵”号

在经过早期的艰难探索之后，英国、日本和美国等国开始建造专门设计的航空母舰。英国第一艘专门设计的航空母舰是英国海军于1917年订购的“竞技神”（Hermes）号，被认为是现代航空母舰的始祖。日本于1919年开始建造的“凤翔”（Hōshō）号，一般被认为是世界上第一艘完工服役的专门设计的航空母舰。而美国海军第一艘专门设计的航空母舰是“游骑兵”（Ranger）号，1934年开始服役。

“竞技神”号航空母舰外形图

“凤翔”号航空母舰3D模型图

“游骑兵”号航空母舰3D模型图

■ 基本参数对比

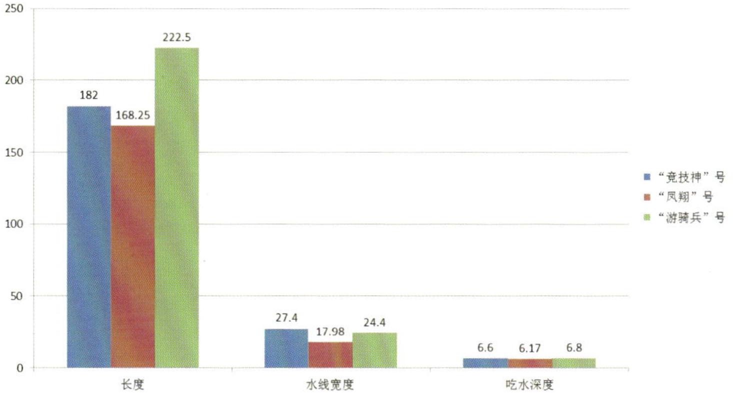

舰体尺寸对比（单位：米）

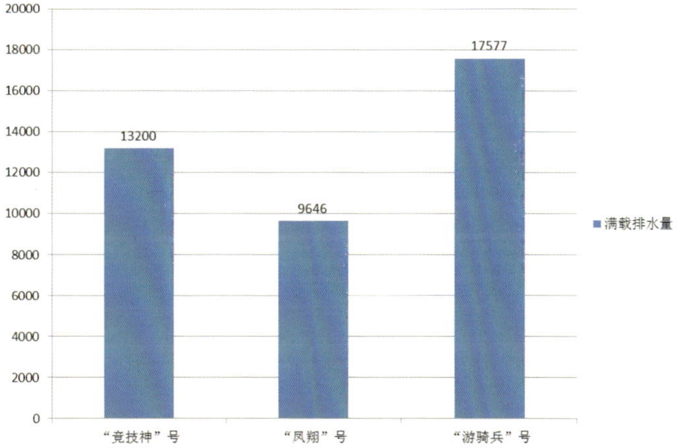

满载排水量对比（单位：吨）

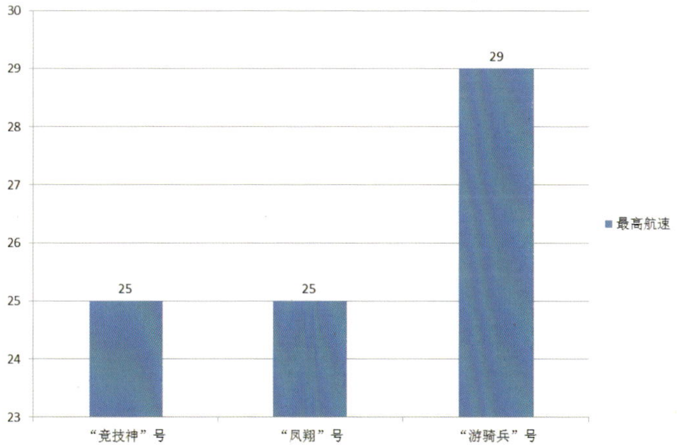

最高航速对比（单位：节）

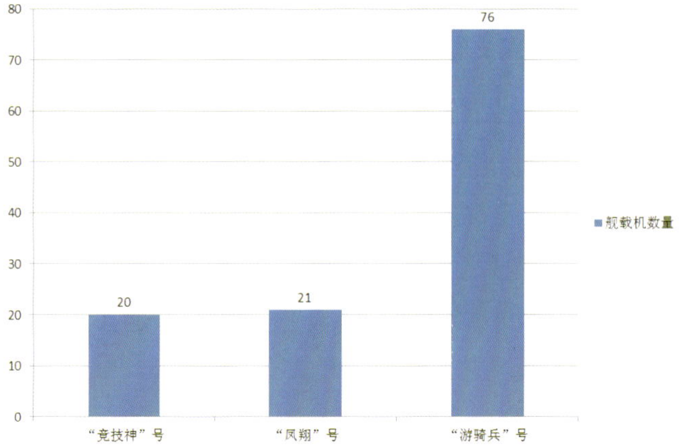

舰载机数量对比（单位：架）

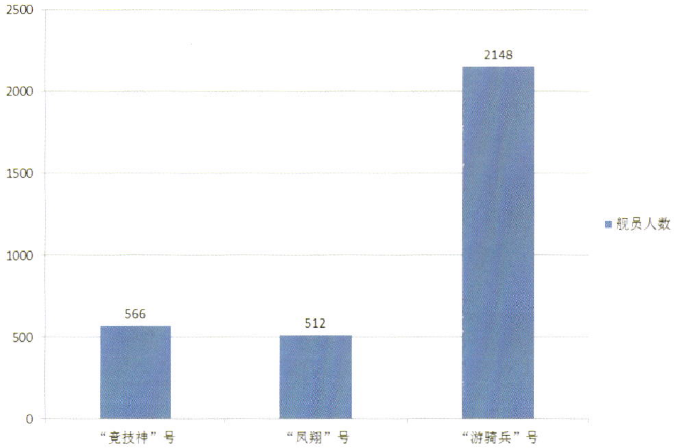

舰员人数对比（单位：人）

■ 建造背景概述

“竞技神”号航空母舰

在航空母舰发展初期，世界各国的航空母舰几乎都是由战列舰、重巡洋舰或商船改装而来，而英国“竞技神”号是世界上第一艘专门设计的航空母舰。该舰于1917年4月开工建造，由于一战结束，以及结构布局需要进行大量的试验，导致建造工程进度缓慢，直到1923年才完工。1924年，“竞技神”号航空母舰服役后被派往远东活动，游弋在东南亚。

即将沉没的“竞技神”号航空母舰

“凤翔”号航空母舰

当获悉英国正在建造真正意义上的航空母舰的消息后，日本马上意识到建造世界上第一艘航空母舰对于确立其海军在世界上的地位的重要意义。就在英国“竞技神”号航空母舰开工两年多后的1919年12月，日本也开始建造命名为“凤翔”号的航空母舰。为了赶在英国“竞技神”号航空母舰之前完成，日本船厂夜以继日地施工。1922年12月27日，“凤翔”号航空母舰在横须贺海军造船厂竣工，成为世界上最先完工的专门设计的航空母舰。

刚刚下水的“凤翔”号航空母舰

“游骑兵”号航空母舰

与英国和日本相比，美国的动作就相对慢了许多。在美国的第一艘航空母舰“兰利”号于1922年服役时，美国海军就在规划下一代航空母舰。但是1922年美国国会又批准了《华盛顿海军条约》，于是美国海军一方面把两艘战列巡洋舰改装成为航空母舰，即“列克星敦”号和“萨拉托加”号，另一方面也延缓了新型航空母舰的建造时程，以方便进行更多的研究。直到1930年，该计划才正式开始实施，新舰被命名为“游骑兵”号（CV-4），1931年9月26日开工建造，1933年2月25日下水，1934年6月4日开始服役。由于“游骑兵”号较小的吨位与舰岛，狭窄的飞行甲板以及耐波性的问题，使得该舰型并未成为主流，后续的建造计划也被取消。但该舰在设计与操作中所产生的问题，为后续航舰的设计上提供了许多宝贵的经验。

“游骑兵”号航空母舰侧前方视角

■ 舰体构造对比

“竞技神”号航空母舰

“竞技神”号航空母舰拥有全通式飞行甲板，而非改装航空母舰中常见的前后两段式，极大地方便了舰载机起降作业。该舰采用封闭型的舰艏，极具抗浪性，使飞行甲板强度更大。岛式上层建筑置于右舷，利用右侧舰桥将烟囱环抱在内，既牢固又美观，至今仍被常规动力航空母舰所采用。

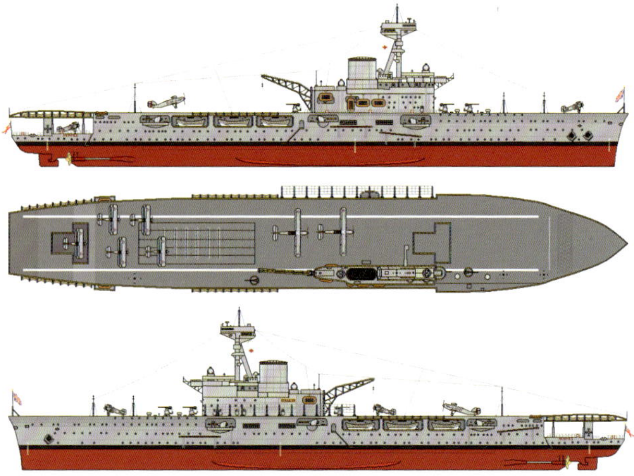

“竞技神”号航空母舰结构图

“凤翔”号航空母舰

由于是日本的第一艘航空母舰，“凤翔”号航空母舰的许多设计都有试验性风格。它打破了第一代航空母舰的平原型结构，一个小型岛式舰桥被设置在全通式飞行甲板的右舷。3个烟囱可向外侧倾倒，以免影响飞机起降作业。飞行甲板起飞段向下倾斜15度，以便飞机取得更高的加速度。舰内有前后两个机库，2座升降机沿飞行甲板中线布置。由于“凤翔”号航空母舰的飞行甲板比较狭窄，岛式建筑在起降时显得非常碍事。为了保证舰载机的安全起降，日本于1924年又拆除了岛式建筑。在太平洋战争爆发前，“凤翔”号航空母舰进行了现代化改装，为搭载新式战机延长了飞行甲板。中途岛海战后又再度延长以及加宽飞行甲板，由于飞行甲板过度延长，导致第二次大改装后的“凤翔”号航空母舰耐波性不佳。

“游骑兵”号航空母舰

“游骑兵”号航空母舰的设计目标是作为一种轻型多用途航空母舰，能携带和“列克星敦”级航空母舰数量相当的舰载机，在排水量上尽可能小。该舰在设计时没有岛式上层建筑，但在下水后添加了小型的岛式上层建筑。在二战中，“游骑兵”号航空母舰进行了两次舰炮改装。

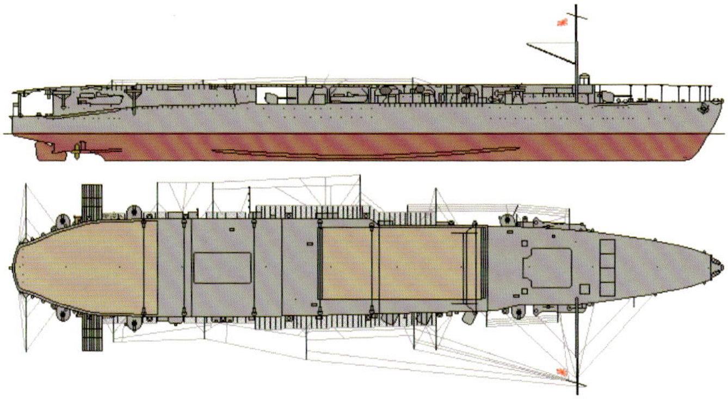

“凤翔”号航空母舰结构图

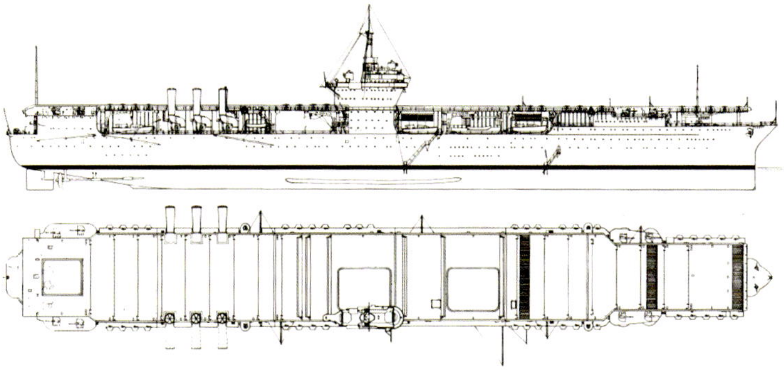

“游骑兵”号航空母舰结构图

■ 舰载飞机对比

“竞技神”号航空母舰

“竞技神”号航空母舰服役之初的载机数量为20架，后来随着舰载机尺寸加大，载机数量下降到16架，所搭载的机型主要是“剑鱼”攻击机。

“竞技神”号航空母舰在珍珠港

“凤翔”号航空母舰

“凤翔”号航空母舰并没有采用全通式机库设计，机库分为前后两块，前机库只有一层，机库容积为67.2米×9.5米，升降机大小为10.35米×7.86米，设计为安置9架较小型的战斗机。后机库则为双层机库设计，专门安置6架较大的攻击机与6架预备机，机库容积两层大小不同，分别为16.5米×14米和29.4米×12米，升降机大小为13.71米×6.34米。

“游骑兵”号航空母舰

“游骑兵”号航空母舰最多可以搭载86架舰载机，一般情况下搭载76架舰载机，主要机型为F4F“野猫”战斗机和SBD俯冲轰炸机，其中前者占多数。“游骑兵”号航空母舰的耐波性不佳，舰载机在气候条件较差时的起降较为危险。另外，该舰的甲板过窄、航速太慢，鱼雷轰炸机在航空母舰上的操作存在诸多限制，尤其在没有足够的风势帮助下，携带鱼雷的轰炸机几乎无法起飞。

“凤翔”号航空母舰搭载的舰载机

“游骑兵”号航空母舰搭载的舰载机

■ 自卫武器对比

“竞技神”号航空母舰

“竞技神”号航空母舰的自卫武器为6门140毫米火炮、3门102毫米防空炮和8门20毫米防空炮。

“凤翔”号航空母舰

“凤翔”号航空母舰的自卫武器为4门三年式140毫米单装炮（1936年撤除）、2座三年式高射炮（1939年前撤除）、6挺九三式13毫米机枪（1936年加装）、4座双联装九六式机枪（1937年后加装）、10座三联装九六式机枪（1944年加装）。

“竞技神”号航空母舰侧前方视角

“凤翔”号航空母舰右舷视角

“游骑兵”号航空母舰

“游骑兵”号航空母舰最初的自卫武器是8门127毫米防空炮和40挺12.7毫米机枪，1941年9月在诺福克船厂进行了换装，自卫武器变为8门127毫米防空炮、6组28毫米防空炮和24挺12.7毫米机枪。1943年1月在诺福克船厂进行了第二次换装，自卫武器变为8门127毫米防空炮、6组40毫米防空炮和46门20毫米防空炮。1944年5月再次进行了换装，拆除了所有的127毫米防空炮。

“游骑兵”号航空母舰俯视图

动力装置对比

“竞技神”号航空母舰

“竞技神”号航空母舰的动力装置为2台蒸汽轮机和6台锅炉，推进功率为30000千瓦。以10节速度航行时，“竞技神”号航空母舰的续航距离为5600海里。

航行中的“竞技神”号航空母舰

“游骑兵”号航空母舰

“游骑兵”号航空母舰的动力装置与“竞技神”号航空母舰相似，同样装有2台蒸汽轮机和6台锅炉，双轴推进，推进功率为39900千瓦。以15节速度航行时，“游骑兵”号航空母舰的续航距离为10000海里。

航行中的“凤翔”号航空母舰

“凤翔”号航空母舰

“凤翔”号航空母舰采用购自英国的2台帕森斯蒸汽轮机和日本国产的舰政本部水管锅炉，8台锅炉中有4台专烧重油，4台油煤混烧，在1922年11月30日的海试中曾达到22000千瓦输出功率。与同时期的一般军舰相比，“凤翔”号航空母舰有大量空间用于装载燃料，因此具有同时期军舰少有的近万海里续航力。

航行中的“游骑兵”号航空母舰

4.3 重舰改装：美国“列克星敦”级 VS 日本“赤城”号 VS 日本“加贺”号

20世纪20年代后期，根据1922年签订的《华盛顿海军条约》，美国和日本分别将两艘战列巡洋舰改装为航空母舰，即“列克星敦”（Lexington）级的两艘以及“天城”级的两艘“赤城”（Akagi）号和“加贺”（Kaga）号航空母舰。由于原战列巡洋舰的舰体尺寸较大，所以改装完成后的几艘航空母舰的满载排水量也都突破了40000吨，远远超过了两国此前建造的航空母舰。

“列克星敦”级航空母舰3D模型图

“赤城”号航空母舰3D模型图

“加贺”号航空母舰3D模型图

■ 基本参数对比

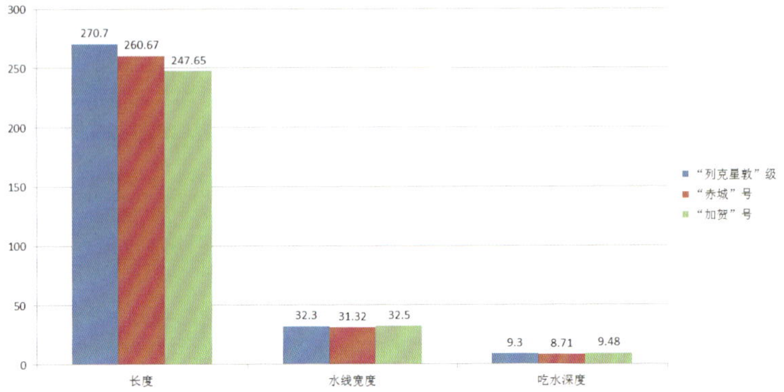

舰体尺寸对比（单位：米）

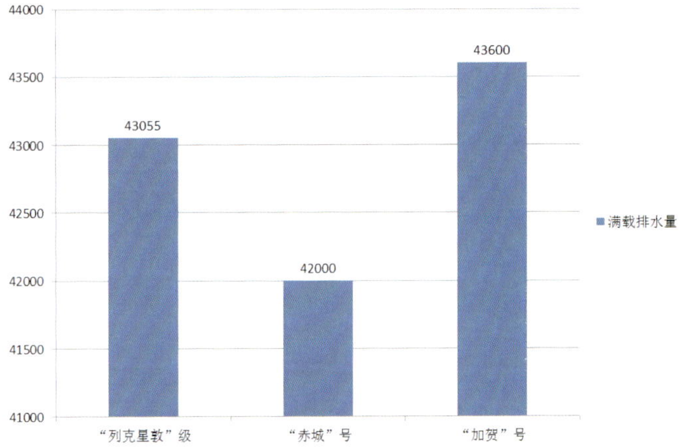

满载排水量对比（单位：吨）

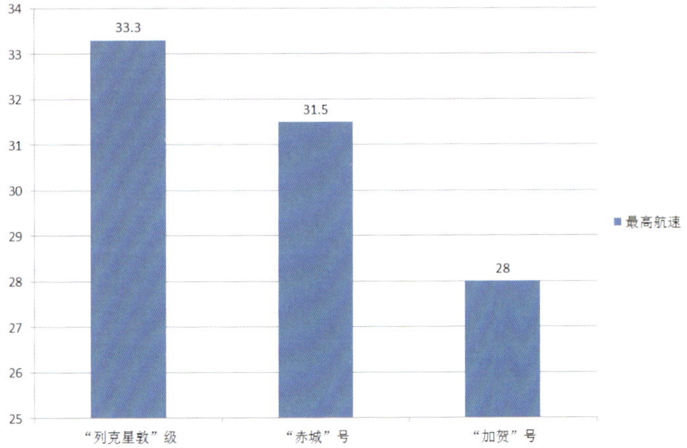

最高航速对比（单位：节）

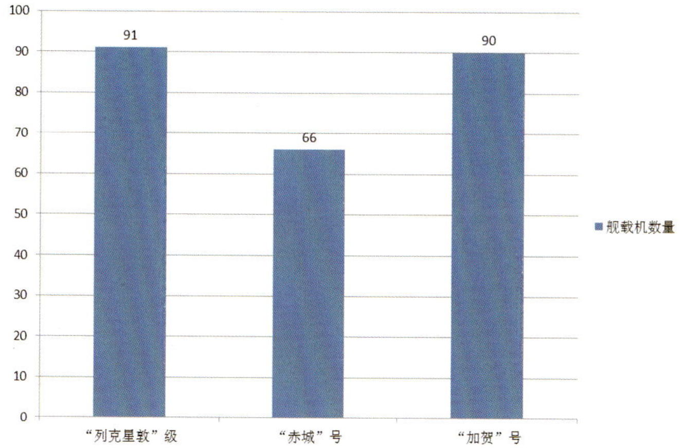

舰载机数量对比（单位：架）

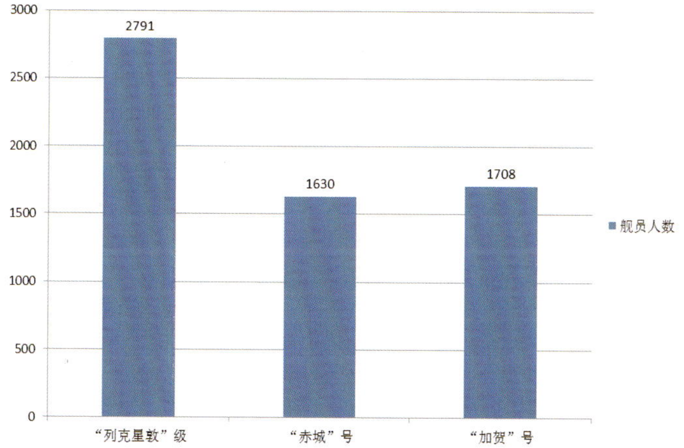

舰员人数对比（单位：人）

■ 建造背景概述

“列克星敦”级航空母舰

“列克星敦”级航空母舰原本是1920年陆续开工的战列巡洋舰。1922年签订的《华盛顿海军条约》规定，各缔约国可以利用规定必须废弃的主力舰船体改装2艘33000吨级（加上条约允许改装增加的3000吨，实际上是36000吨）航空母舰。美国因此将停建的“列克星顿”级战列巡洋舰中进度最快的“列克星敦”号和“萨拉托加”号改建成航空母舰，两舰均于1927年底完工。该级舰在诞生之时以超过43000吨的满载排水量成为世界各国海军中最大的航空母舰，在美国海军中的这一纪录一直保持到1945年“中途岛”级航空母舰服役。

“列克星敦”级航空母舰俯视图

“赤城”号航空母舰

美国选择将“列克星顿”级战列巡洋舰改装为航空母舰，而日本选择的则是“天城”级战列巡洋舰。根据1919年日本拟订的“八八舰队”计划，“赤城”号于1920年12月6日作为战列巡洋舰在吴海军船厂开工建造，属于“天城”级战列巡洋舰的二号舰。1922年《华盛顿海军条约》签订时，该舰虽已完成舰体工程，但仍因已超过日本所允许的保有量而必须拆解。1922年11月9日，日本决定将停建的“赤城”号改装成航空母舰。“赤城”号于1925年4月2日下水，1927年3月27日竣工，编入横须贺镇守府服役。由于舰载机的发展迅速，20世纪20年代航空母舰的设计逐渐无法满足操作要求，因此“赤城”号从1935年开始进行了为期三年的现代化改装。

“加贺”号航空母舰

“天城”级战列巡洋舰的首舰“天城”号原本也要改装成航空母舰，但1923年9月关东大地震发生时，正在进行航空母舰改装工作的“天城”号从船台滑落，龙骨遭到无法修复的破坏。于是，“加贺”号战列舰接替“天城”号战列巡洋舰的份额改装为航空母舰。“加贺”号战列舰于1920年7月19日动工建造，1921年11月17日下水。1923年12月13日，横须贺海军工厂开始进行“加贺”号的改装工作。1928年3月31日，“加贺”号完成改装，编入横须贺镇守府服役。1934年6月至1935年10月，“加贺”号也进行了与“赤城”号相似的现代化改装。之后，“加贺”号编入第二航空战队，随后又转调至第一航空战队。

满载舰载机的“赤城”号航空母舰

停泊在港口中的“加贺”号航空母舰

舰体构造对比

“列克星敦”级航空母舰

“列克星敦”级航空母舰的防护装甲与巡洋舰相当，采用封闭舰艏，单层机库，拥有2座升降机，全通式飞行甲板长271米，岛式舰桥与巨大而扁平的烟囱设在右舷。

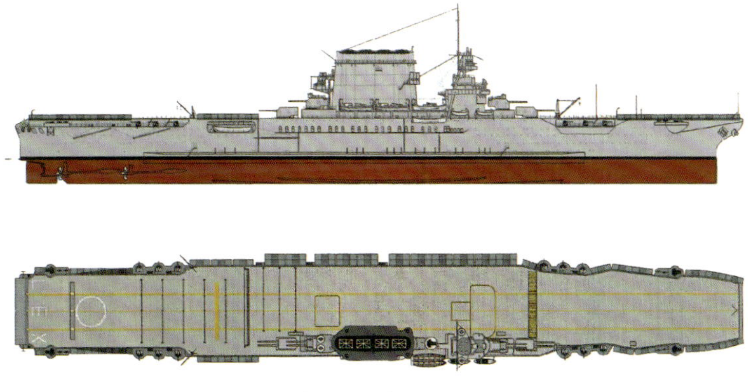

“列克星敦”级航空母舰结构图

“赤城”号航空母舰

“赤城”号由于在改装时已事先完成舰体的建造工程，导致只能以原先战列巡洋舰的舰体为基础搭建其他航空母舰的必备结构。该舰采用三段飞行甲板设计，甲板呈阶梯状分为三层，上层是起降两用甲板，而其前端下方是横跨舰体两舷的舰桥。中下两层与双层机库相接可供飞机直接起飞，中层甲板供小型飞机起飞，下甲板层较常供大型飞机起飞，但因中层飞行甲板的机库门口前方两侧各有一座炮台，不利于舰载机的起飞，最后将其封起来而未作为舰载机起飞使用。为了消除烟囱排烟对飞机降落造成的不良影响，横卧式烟囱向下弯曲伸向舷外。在20世纪30年代进行的现代化改装中，“赤城”号取消了不实用的中下两层飞行甲板，并将其改为机库，使得标准载机量增至66架。上层飞行甲板改为全通式，一直延伸至舰艏用立柱支撑。舰桥改成岛式，并考虑航空母舰编队并行时便于各自的飞机起飞、降落，特别安装于舰体左舷。

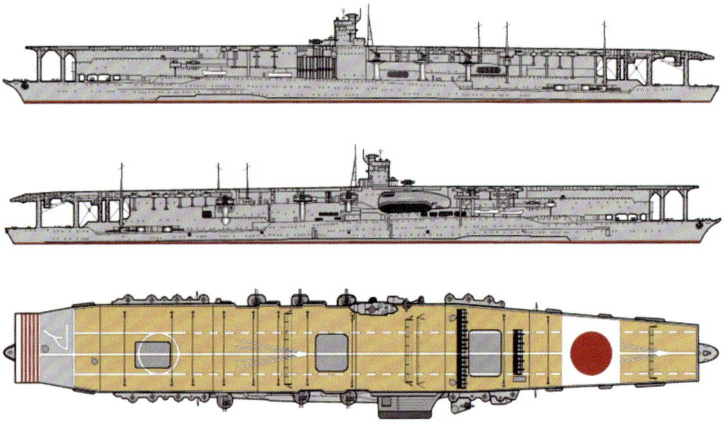

“赤城”号航空母舰结构图

“加贺”号航空母舰

“加贺”号航空母舰的布局形式与“赤城”号航空母舰相似，也采用三段式三层飞行甲板。与“赤城”号不同的是，“加贺”号的横卧式烟囱延伸到舰艉附近。根据“赤城”号的改装经验认为设在右舷的烟囱排烟会影响舰载机的起降，故“加贺”号在左右两舷装设巨大排烟管，试图将烟引至舰艉排放，但却引发甲板与住舱邻近区域的高热问题，同时引导到舰艉的废气仍然会干扰降落作业，因此这项设计是失败的。在20世纪30年代的现代化改装中，“加贺”号的横卧式烟囱改成直接伸向舷外往海面大幅弯曲的样式，取消了不实用的中下两层飞行甲板，改装了全通式飞行甲板，飞行甲板延伸至舰艏用立柱支撑。在飞行甲板前方预留了弹射器装设空间，但直到“加贺”号被击沉之时日本的弹射器仍未研发完成。岛式舰桥设在舰体右舷，以便与“赤城”号（岛式舰桥设在舰体左舷）编队并行时不会影响各自的舰载机起降。

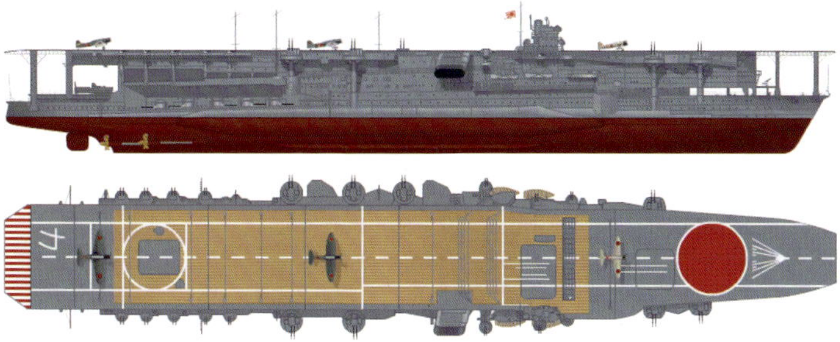

"加贺"号航空母舰结构图

■ 舰载飞机对比

"列克星敦"级航空母舰

"列克星敦"级航空母舰可搭载91架舰载机，包括36架F4F"野猫"战斗机、37架SBD"无畏"俯冲轰炸机和18架TBD"蹂躏者"鱼雷轰炸机。

"列克星敦"级航空母舰搭载的TBD"蹂躏者"鱼雷轰炸机

"赤城"号航空母舰

"赤城"号航空母舰通常搭载66架舰载机，包括21架零式舰载战斗机、18架九九式舰载轰炸机和27架九七式舰载攻击机。此外，"赤城"号航空母舰还可额外搭载25架备用舰载机。

"赤城"号航空母舰的飞行甲板

“加贺”号航空母舰

“加贺”号航空母舰最多可以搭载90架舰载机，包括72架常用舰载机和18架备用舰载机，具体机型为零式舰载战斗机、九七式舰载攻击机和九九式舰载轰炸机。

“加贺”号航空母舰搭载的舰载机

■ 自卫武器对比

“列克星敦”级航空母舰

“列克星敦”级航空母舰的上层建筑前后方各有2座双联装203毫米舰炮，用来打击水面目标。事实上，203毫米舰炮在面对敌方巡洋舰时的防御能力极其有限，多年以后才证明无此必要。此外，“列克星敦”级航空母舰还装有12门Mk 10型127毫米高平两用炮，16门Mk 12型127毫米高射炮。

“列克星敦”级航空母舰的双联装203毫米舰炮

“赤城”号航空母舰

“赤城”号航空母舰的自卫武器为6门三年式200毫米单装舰炮、6座双联装十年式120毫米防空炮和14座双联装25毫米舰炮。

“赤城”号航空母舰左舷视角

“加贺”号航空母舰右舷视角

“列克星敦”号（前）和“萨拉托加”号航空母舰（后）在夏威夷海域航行（1933年）

“赤城”号航空母舰在日本伊予市附近海域进行海试

“加贺”号航空母舰

“加贺”号航空母舰的自卫武器为10门200毫米舰炮、8座双联装八九式127毫米防空炮和22门25毫米舰炮。

■ 动力装置对比

“列克星敦”级航空母舰

由于当时美国工业部门无法拿出可靠的大型齿轮传动系统，因此“列克星敦”级航空母舰采用了在当时十分先进的蒸汽轮机-电动机传动系统，使其成为世界上第一种采用电动传动系统的航空母舰和大型军舰，比日后采用类似传动系统的英国“伊丽莎白女王”级航空母舰早了近百年。“列克星敦”级航空母舰装有4台通用电气公司的蒸汽轮机-电动机，以及16台专烧重油的锅炉，总推进功率为130000千瓦，最高航速可达33.3节。

“赤城”号航空母舰

“赤城”号航空母舰的动力装置为4台舰本式蒸汽轮机和19台舰本式重油锅炉，总推进功率为99000千瓦，最高航速为31.5节。以16节速度航行时，“赤城”号航空母舰的续航距离为10000海里。

“加贺”号航空母舰

“加贺”号航空母舰的动力装置是由川崎重工制造、英国设计的柯蒂斯-布朗式蒸气涡轮机，未改装前的预计航速为26.5节，改装成航空母舰后，因舰体重量减轻，最高航速也提高到28节。该舰的锅炉采用舰政本部式锅炉，其中8部专烧重油，4部油煤混烧。

航行中的“加贺”号航空母舰

4.4 战争前夜：美国“约克城”级 VS 英国“皇家方舟”号 VS 英国“光辉”级 VS 日本“苍龙”号 VS 日本“飞龙”号

二战爆发前夕，各海军强国都紧锣密鼓地建造了一批新型航空母舰，包括美国“约克城”（Yorktown）级、英国“皇家方舟”（Ark Royal）号、英国“光辉”（Illustrious）级、日本“苍龙”（Sōryū）号、日本“飞龙”（Hiryū）号等。这些航空母舰的满载排水量均在19000～30000吨之间，整体作战性能较各国早期建造的航空母舰大幅提升，在二战中发挥了重要作用。

“约克城”级航空母舰3D模型图

“皇家方舟”号航空母舰3D模型图

“光辉”级航空母舰3D模型图

“苍龙”号航空母舰3D模型图

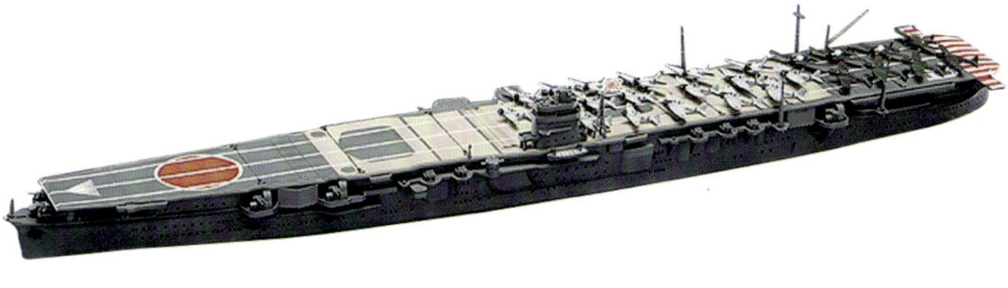

“飞龙”号航空母舰3D模型图

■ 基本参数对比

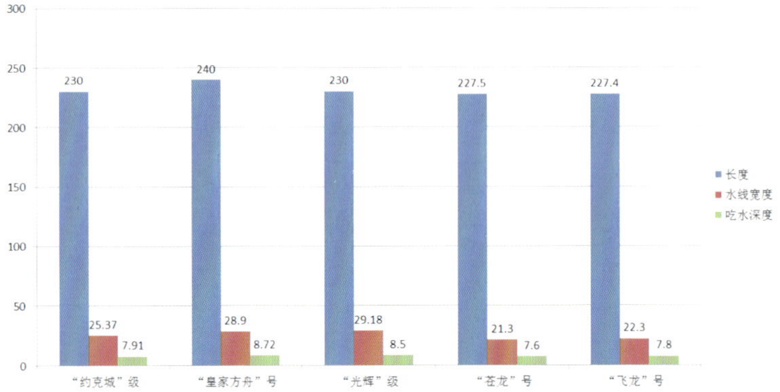

舰体尺寸对比（单位：米）

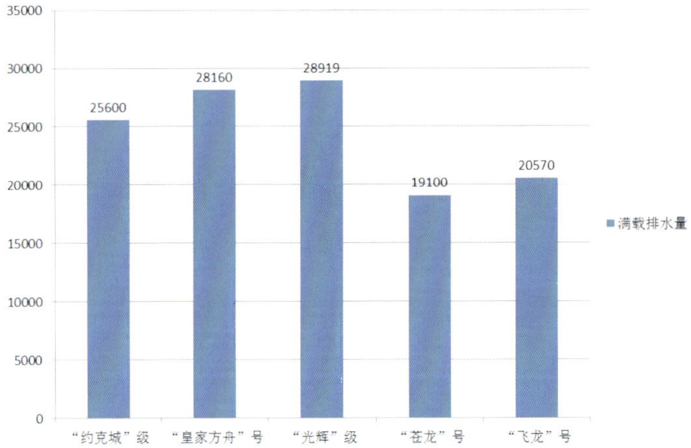

满载排水量对比（单位：吨）

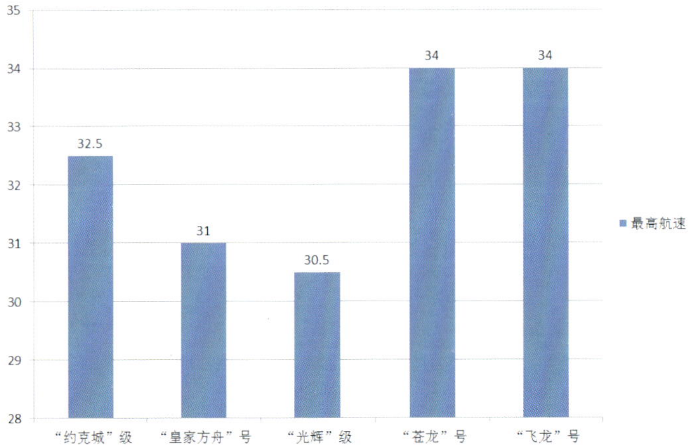

最高航速对比（单位：节）

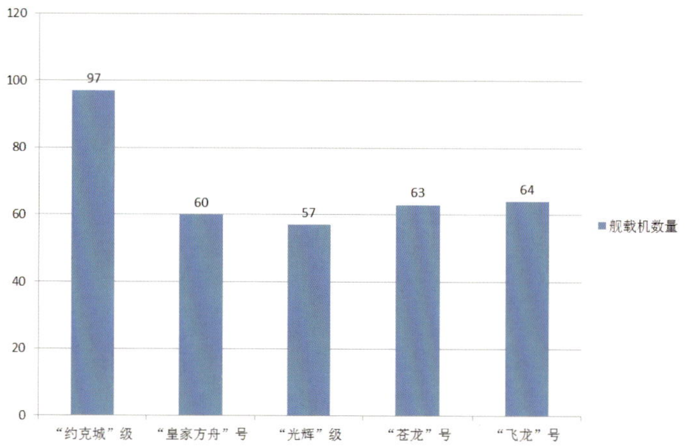

舰载机数量对比（单位：架）

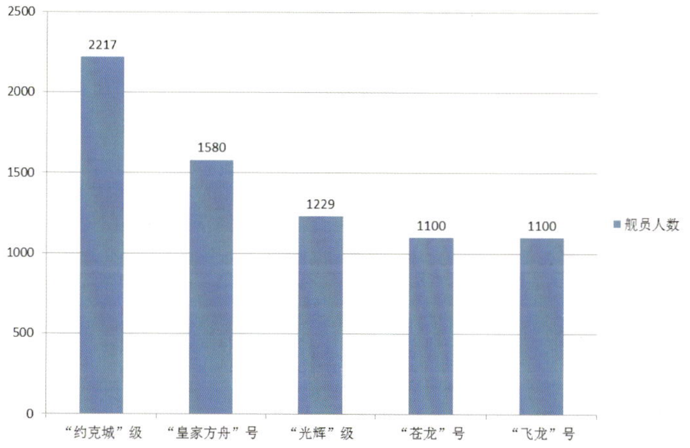

舰员人数对比（单位：人）

■ 建造背景概述

“约克城”级航空母舰

“约克城”级航空母舰是美国在20世纪30年代经济危机后、罗斯福新政实施期间，根据经济复兴法案拨款所设计建造的航空母舰。1934年，美国海军利用《华盛顿海军条约》规定的额度，计划建造2艘20000吨级航空母舰，并命名为“约克城”级航空母舰。1936年，日本退出海军裁军谈判，开始建造大型航空母舰（“翔鹤”级航空母舰），美国海军因此在1938年通过海军扩建法案又追加建造一艘“约克城”级改进型。首舰“约克城”号（CV-5）和二号舰“企业”号（CV-6）在二战爆发前服役，而三号舰“大黄蜂”号（CV-8）则在裁军条约失效后赶工建造，在太平洋战争爆发前服役。

“约克城”级航空母舰

“皇家方舟”号航空母舰

20世纪30年代初期，英国拥有6艘航空母舰，其中“暴怒”号航空母舰（“暴怒”号巡洋舰改装）、“百眼巨人”号航空母舰（商船改装）、“鹰”号航空母舰（战列舰改装）、“勇敢”号和“光荣”号（隶属“勇敢”级航空母舰，由巡洋舰改装）都是改装而来，只有“竞技神”号航空母舰才是第一艘专门设计的航空母舰，但毕竟是一艘载机量少、航速较低的航空母舰，无法满足战争需要。为此，英国海军需要一种专门设计的更大的航空母舰。1934年，英国政府批准拨款建造一艘新式舰队航空母舰，并在《华盛顿海军条约》对航空母舰的限制范围内制订了设计方案，成为英国海军后续建造航空母舰的原型。新舰于1935年9月开工建造，1937年下水时命名为“皇家方舟”号（91），1938年完工服役。

刚刚下水的“皇家方舟”号航空母舰

“光辉”级航空母舰

在“皇家方舟”号航空母舰开工后第二年，英国政府通过了建造两艘23000吨级航空母舰的预算，次年又增加了两艘，新舰被命名为“光辉”级。1937年，

“光辉”级航空母舰相继动工，分别是“光辉”号（1937年4月动工）、“可畏”号（1937年5月动工）、“胜利”号（1937年6月动工）和“不挠”号（1937年11月动工）。“光辉”号和“可畏”号分别在1940年5月和11月服役，“胜利”号和“不挠”号分别在1941年5月和10月服役。

“光辉”级航空母舰三号舰“胜利”号（1959年）

“苍龙”级航空母舰

1934年，日本在第二次舰船补充计划中决定建造两艘“苍龙”级航空母舰，加上原有的“凤翔”号、“龙骧”号、“赤城”号和“加贺”号，意图与美国6艘条约型航空母舰（2艘“列克星敦”级、2艘“约克城”级、“大黄蜂”号和“游骑兵”号）的实力齐平。有别于“赤城”号与“加贺”号为巡洋舰改装，“苍龙”级最早的设计是“航空战舰”，是为了在《华盛顿海军条约》之下仍然拥有一定的海上制空权，后来却发现同时要搭载大量的飞机与大炮是行不通的，而转为专职的航空母舰。日本总结“赤城”号与“加贺”号航空母舰的改装经验，将更成熟的技术运用于“苍龙”级航空母舰的建造。首舰“苍龙”号由吴港海军船厂建造，1934年11月20日开工，1935年12月23日下水，1937年12月29日完工并服役，隶属日本联合舰队第二航空战队。

“飞龙”号航空母舰

“飞龙”号航空母舰于1936年7月8日开工建造，原计划作为“苍龙”级航空母舰的二号舰，采用与“苍龙”号相同的设计，不过在有了“加贺”号的改装经验与“苍龙”号的施工经验之后，“飞龙”号的设计被大幅更改。完工时的“飞龙”号与“苍龙”号的舰型相差甚远，于是便独立成为“飞龙”级。该舰于1939年7月5日完工，之后与“苍龙”号一起编入日本联合舰队第二航空战队。

“苍龙”号航空母舰

“苍龙”号航空母舰的飞行甲板为全通式设计，并有大容量的双层机库，而右舷的岛式舰桥也成为往后日本航空母舰的舰桥设计模仿对象。“苍龙”号航空母舰的缺点是装甲较薄，这也是它最终被炸弹击沉的原因之一。

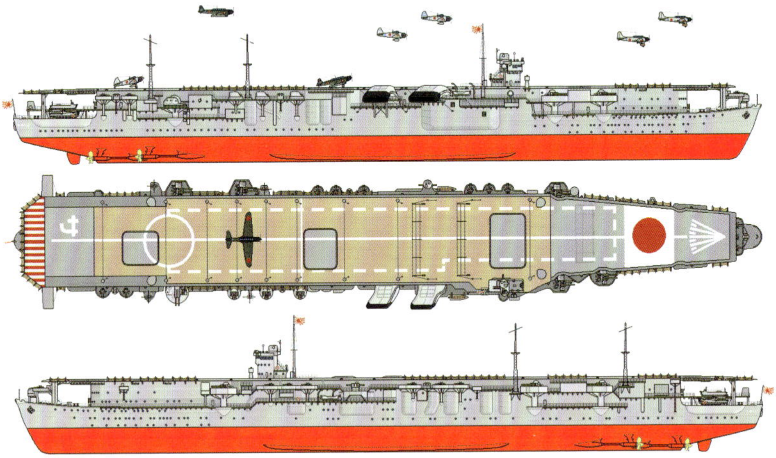

“苍龙”号航空母舰结构图

“飞龙”号航空母舰

与“苍龙”号航空母舰比，“飞龙”号航空母舰进一步加强了舰体结构强度，大大提高了舰艏干舷。另外，由于改进了装甲防护，“飞龙”号舰体更宽，排水量更大。有别于“苍龙”号的双船舵设计，“飞龙”号改成了单船舵。在外观上，“飞龙”号的突出变化是岛式上层建筑改到了左舷（“苍龙”号为右舷）。

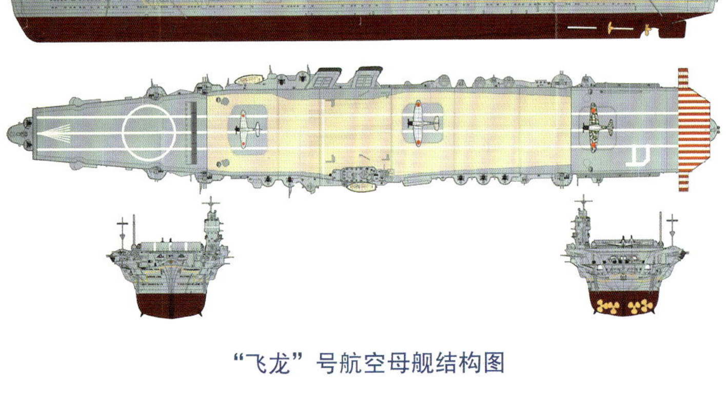

“飞龙”号航空母舰结构图

飞行甲板前部满载舰载机的“约克城”级航空母舰

“皇家方舟”号航空母舰及其搭载的“剑鱼”攻击机

“光辉”级航空母舰前方视角

舰载飞机对比

“约克城”级航空母舰

“约克城”级航空母舰最多可以搭载90架舰载机，舰上航空兵分为一个战斗机队（F2F战斗机及F3F战斗机）、一个俯冲轰炸机队（BTD俯冲轰炸机）、一个鱼雷轰炸机队（TBD鱼雷轰炸机）和一个侦察机队（SB2C俯冲轰炸机）。

“皇家方舟”号航空母舰

“皇家方舟”号航空母舰设计时要求搭载72架舰载机，但实际载机量一般为60架，通常为48架“剑鱼”攻击机和12架“鱼鹰”战斗轰炸机，或者36架“剑鱼”攻击机和24架“鱼鹰”战斗轰炸机。从1940年开始，“皇家方舟”号换装了空战性能更为先进的“管鼻燕”战斗机和“飓风”战斗机，空战性能有了很大提高。

“光辉”级航空母舰

“光辉”级航空母舰最初可以搭载36架舰载机，后来改进了舰载机的搭载方法，载机量增至57架。1944年12月时，“光辉”级航空母舰的舰载机配置为36架F4U“海盗”战斗机和21架TBF“复仇者”轰炸机。

“苍龙”号航空母舰

“苍龙”号航空母舰可以搭载63架舰载机（包括9架备用机），包括21架零式舰载战斗机、21架九九式舰载轰炸机、21架九七式舰载攻击机。

“飞龙”号航空母舰

“飞龙”号航空母舰最多可以携带64架舰载机（包括9架备用机），一般情况下携带57架舰载机，包括21架零式舰载战斗机、18架九九式舰载轰炸机和18架九七式舰载攻击机。

“苍龙”号航空母舰停泊在宿毛湾

“飞龙”号航空母舰侧面视角

■ 自卫武器对比

“约克城”级航空母舰

“约克城”级航空母舰的舰艏及舰艉各设有4门127毫米单装舰炮，分别置于左舷及右舷飞行甲板。舰岛前方及后方，各设有2座四联装28毫米防空炮。舰体各处共有24挺12.7毫米勃朗宁机枪。

“约克城”级航空母舰右舷视角

“皇家方舟”号航空母舰

“皇家方舟”号航空母舰的自卫武器为8座双联装114毫米防空炮、6座八联装40毫米防空炮和48门20毫米防空炮。

“皇家方舟”号航空母舰侧前方仰视图

“光辉”级航空母舰

“光辉”级航空母舰的自卫武器包括8座双联装114毫米防空炮、6座八联装102毫米防空炮、20门40毫米博福斯防空炮和45门20毫米厄利空防空炮等。

“光辉”级航空母舰侧前方视角

“苍龙”号航空母舰

“苍龙”号航空母舰的自卫武器为6座双联装127毫米防空炮和14座双联装25毫米防空炮。

“飞龙”号航空母舰

“飞龙”号航空母舰的自卫武器为6座双联装127毫米40倍口径防空炮、5座双联装25毫米防空炮和7座三联装25毫米防空炮。

“苍龙”号航空母舰侧面视角

“飞龙”号航空母舰开始海试

■ 动力装置对比

“约克城”级航空母舰

“约克城”级航空母舰装有9台锅炉和4台蒸汽轮机，配备4轴螺旋桨，推进功率为89000千瓦，最高航速达32.5节。此外，还有2台200千瓦柴油轮机发电。“约克城”级航空母舰最致命的弱点是水下防御，倘若遭到鱼雷攻击，而在水线以下入水，海水只需淹没锅炉或蒸汽轮机，便足以令全舰失去动力。

高速航行的“约克城”级航空母舰

“皇家方舟”号航空母舰

高速航行的“皇家方舟”号航空母舰

“皇家方舟”号航空母舰的动力装置为3台齿轮传动“帕森斯”蒸汽轮机和6台“海军上将”锅炉，三轴推进，推进功率为75020千瓦。该舰的燃油储备为4620吨，以20节的速度航行时，续航距离为7600海里，虽然比不上日本和美国的同级别航空母舰，但是“皇家方舟”号多是在北大西洋和地中海作战，距离英国本土很近，所以这样的续航距离完全可以满足作战需求。

斯帕蒂文托角战役（1940年）中的“皇家方舟”号航空母舰

“光辉”级航空母舰

“光辉”级航空母舰同样装有3台蒸汽轮机和6台锅炉，推进功率增至83000千瓦。以10节速度航行时，“光辉”级航空母舰的续航距离为10700海里。

“光辉”级航空母舰侧前方俯视图

“苍龙”号航空母舰

“苍龙”号航空母舰的排水量虽然只有“赤城”号和“加贺”号航空母舰的一半左右，但却拥有更快的速度，其动力装置为4台舰本式蒸汽轮机和8台舰本式重油锅炉，113000千瓦的推进功率可将最高航速提升至34节。

“飞龙”号航空母舰

“飞龙”号航空母舰的动力装置与“苍龙”号航空母舰相同，但推进功率增至114000千瓦。以18节速度航行时，“飞龙”号航空母舰的续航距离为10330海里。

4.5 血战太平洋：美国“埃塞克斯”级 VS 日本“翔鹤”级 VS 英国“怨仇”级

太平洋战争是二战中以美英两国为首的同盟国和以日本为首的轴心国于1941年12月7日至1945年8月15日期间进行的战争，范围遍及太平洋、印度洋和东亚地区。战争中，美国、英国和日本的航空母舰均有参战，并发挥了极为重要的作用。在这些航空母舰中，整体作战性能较为突出的有美国“埃塞克斯”（Essex）级（1942年开始服役）、日本“翔鹤”（Shōkaku）级（1941年开始服役）和英国“怨仇”（Implacable）级（1944年开始服役），这几种航空母舰的满载排水量均超过了30000吨。其中，“埃塞克斯”级航空母舰是美国在二战中设计建造的航空母舰，也是美国历史上建造数量最多的舰队航空母舰。

“埃塞克斯”级航空母舰3D模型图

“翔鹤”级航空母舰3D模型图

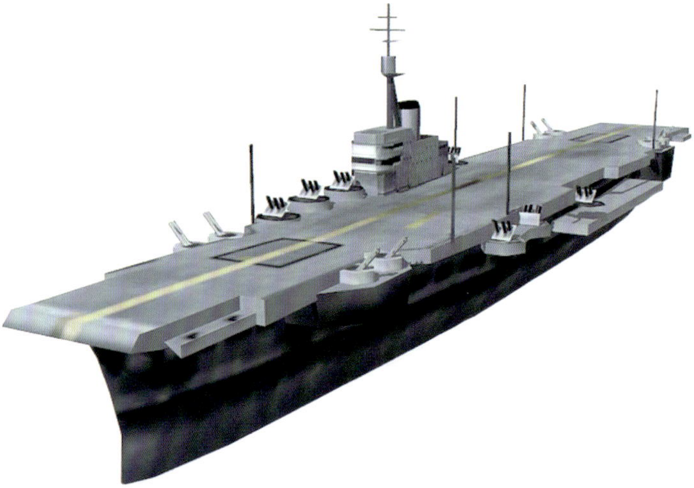

“怨仇”级航空母舰3D模型图

基本参数对比

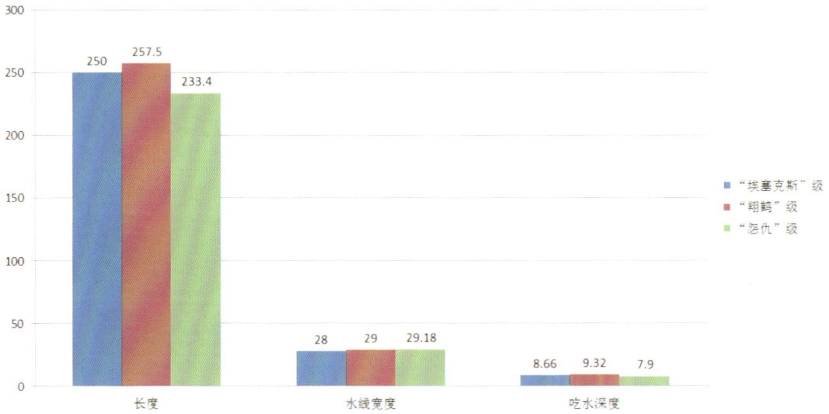

舰体尺寸对比（单位：米）

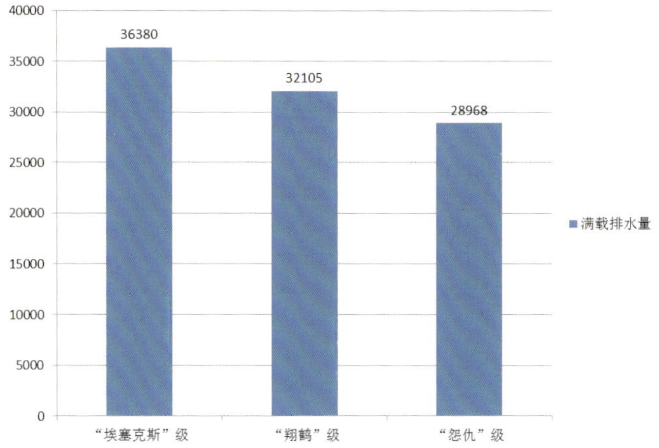

满载排水量对比（单位：吨）

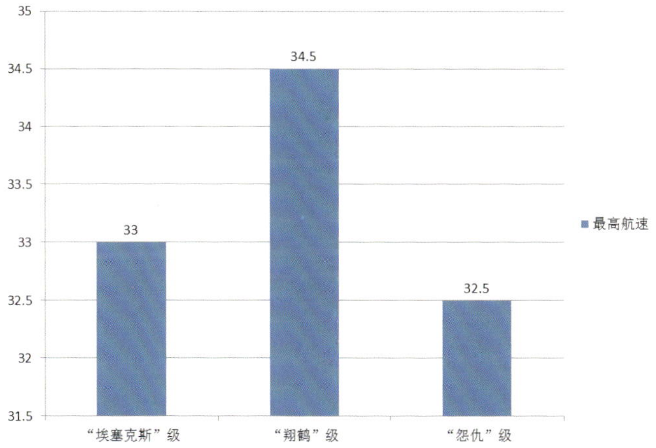

最高航速对比（单位：节）

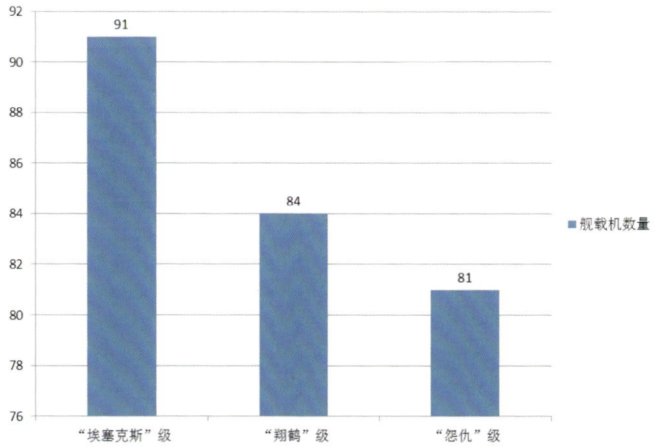

舰载机数量对比（单位：架）

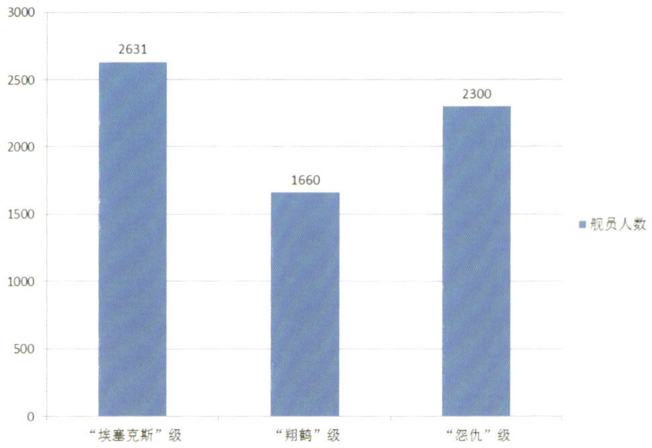

舰员人数对比（单位：人）

■ 建造背景概述

“埃塞克斯”级航空母舰

二战爆发前，美国已有5艘航空母舰，但当时战列舰仍被视为海上力量的中坚，航空母舰只是一种海上浮动机场，舰载航空兵的战略、战术以及作用还没有被广泛认可。随着欧洲战事的爆发和美日两国矛盾的激化，美国深感有加强航空母舰建造工作的必要。1937年，“约克城”级航空母舰开始服役时，美国正在设计中的新式舰载机的尺寸、重量和性能都要求海军建造更大型、更有效和更坚固的航空母舰。20世纪30年代末，以“约克城”级为蓝本设计的“埃塞克斯”级航空母舰的标准排水量被确定为20000吨。到1940年时，“埃塞克斯”级航空母舰的设计方案已经历了多次改进，其标准排水量增加到27500吨。该级舰批准建造的总数为32艘，建造过程中有6艘被取消建造计划，还有2艘半成品，因此最终只有24艘建造完成。首舰于1941年4月28日动工建造，1942年7月31日下水，1942年12月31日正式服役。

“埃塞克斯”级航空母舰

“翔鹤”级航空母舰

1936年，日本退出《第二次伦敦海军条约》，开始积极扩张海军力量。翌年，日本在03造舰补充计划中拨款建造两艘“翔鹤”级航空母舰。一号舰“翔鹤”号于1937年12月12日在横须贺海军工厂动工建造，1939年6月1日下水，1941年8月8日竣工，编入吴镇守府籍。二号舰“瑞鹤”号于1938年5月25日在川崎重工神户造船厂动工建造，1939年11月27日下水，1941年9月25日开始服役。

“翔鹤”级航空母舰

“怨仇”级航空母舰

作为“光辉”级航空母舰的第二期改进型，“怨仇”级航空母舰在“光辉”号航空母舰开工30个月后动工建造，并在一开始就预定将部署于太平洋。首舰“怨仇”号于1939年2月21日开工，1942年12月10日下水，1944年8月28日服役。二号舰“不倦”号于1939年11月3日开工，1942年12月8日下水，1944年5月3日服役。

“怨仇”级航空母舰

“怨仇”级航空母舰

“怨仇”级航空母舰最多可以搭载81架舰载机，主要机型包括“海喷火”战斗机（或F6F“地狱猫”战斗机）和TBM“复仇者”鱼雷攻击机。

在新西兰惠灵顿港的“怨仇”级航空母舰

■ 自卫武器对比

“埃塞克斯”级航空母舰

“埃塞克斯”级航空母舰装有4座双联装127毫米舰炮和4门127毫米单装舰炮，均为高平两用，用以对付远距离目标。防空炮方面，在整个战争期间变动较大，各舰不一。第一批“埃塞克斯”级航空母舰建成时，每舰装有8座四联装40毫米博福斯炮（共32门）和46门20毫米厄利空单管炮。到战争后期，“埃塞克斯”级航空母舰上的40毫米博福斯炮增至72门，20毫米厄利空炮增至55门。

“埃塞克斯”级航空母舰俯视图

“翔鹤”级航空母舰

“翔鹤”级航空母舰的自卫武器为8座双联装八九式127毫米舰炮和12座三联装九六式25毫米舰炮（战争中增加到20座三联装九六式25毫米舰炮和36门25毫米单装舰炮）。

“翔鹤”级航空母舰上的双联装八九式127毫米舰炮

“怨仇”级航空母舰右舷视角

现代化改装后的“埃塞克斯”级航空母舰

“怨仇”级航空母舰经过狮门大桥（加拿大温哥华）

“怨仇”级航空母舰

“怨仇”级航空母舰的自卫武器为8座双联装114毫米舰炮、5座八联装2磅防空炮、1座四联装2磅防空炮、4门40毫米博福斯防空炮和55门20毫米厄利空防空炮。

■ 动力装置对比

“埃塞克斯”级航空母舰

“埃塞克斯”级航空母舰的动力装置为4台1250千瓦齿轮传动式蒸汽轮机和8台锅炉，总推进功率为110000千瓦。以15节速度航行时，“埃塞克斯”级航空母舰的续航距离为20000海里。

“翔鹤”级航空母舰

“翔鹤”级航空母舰的动力装置为4台舰本式蒸汽轮机和8台舰本式重油专烧锅炉，推进功率达120000千瓦。以18节速度航行时，“翔鹤”级航空母舰的续航距离为9700海里。

“怨仇”级航空母舰

“怨仇”级航空母舰的动力装置为4台帕森斯蒸汽轮机和8台海军部式三鼓重油锅炉，推进功率为110000千瓦。以10节速度航行时，“怨仇”级航空母舰的续航距离为12000海里。

停泊在港口中的“怨仇”级航空母舰

4.6 中期新血：美国“独立”级 VS 英国“独角兽”号 VS 英国“巨人”级 VS 日本“云龙”级

二战中后期，为了弥补战争前期的损失，美国、英国和日本均建造了一批新型航空母舰，包括美国“独立”（Independence）级、英国“独角兽”（Unicorn）号、英国“巨人”（Colossus）级和日本“云龙”（Unryū）级航空母舰。这些航空母舰均是满载排水量在30000吨以下的轻型航空母舰，“独立”级和“独角兽”号于1943年开始服役，“巨人”级和“云龙”级于1944年开始服役。这些航空母舰的服役为三国海军注入了新的血液，对战局产生了一定的影响。

“独立”级航空母舰3D模型图

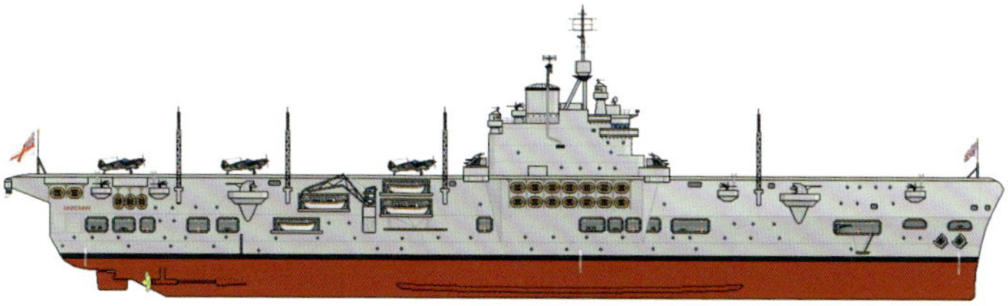

“独角兽”号航空母舰外形图

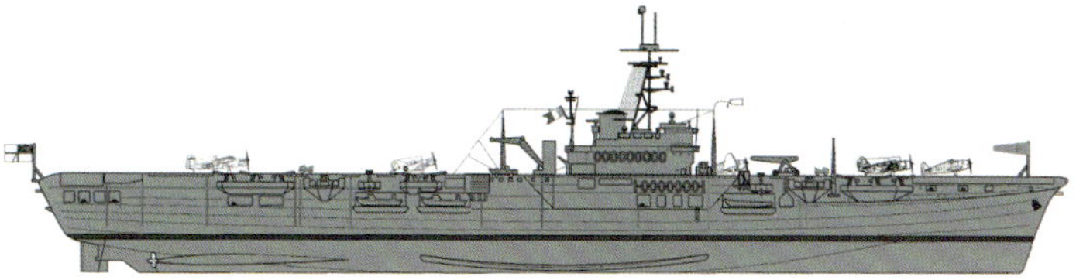

“巨人”级航空母舰外形图

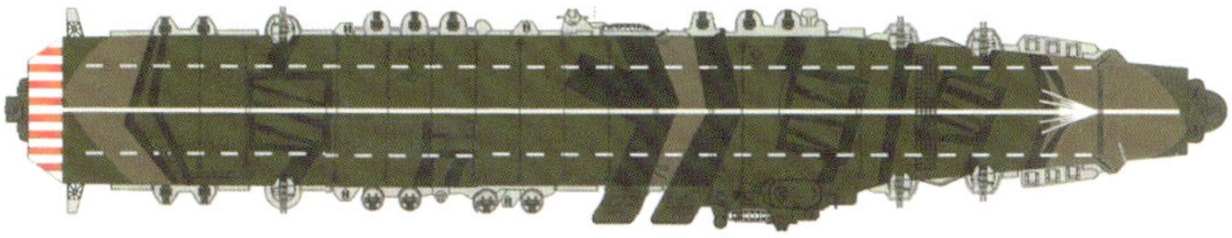

“云龙”级航空母舰外形图

基本参数对比

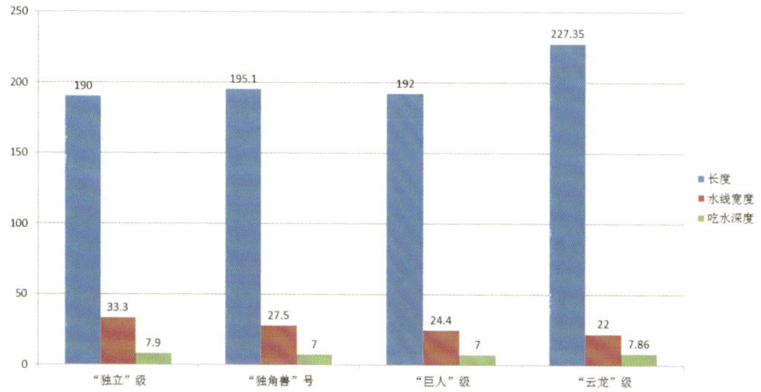

舰体尺寸对比（单位：米）

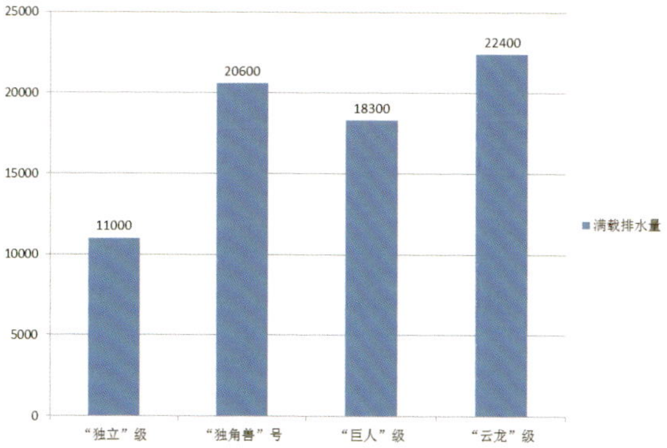

满载排水量对比（单位：吨）

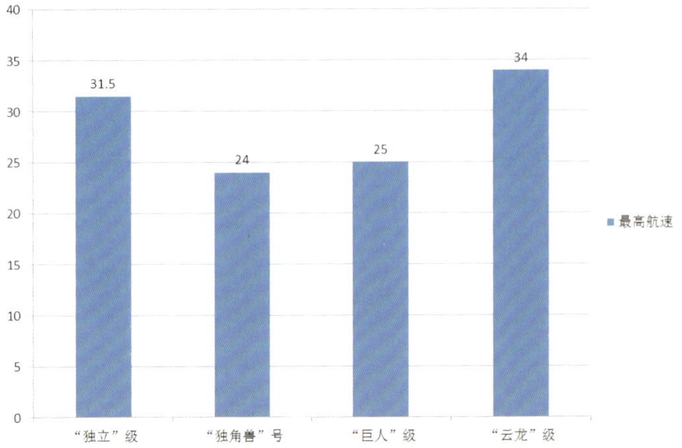

最高航速对比（单位：节）

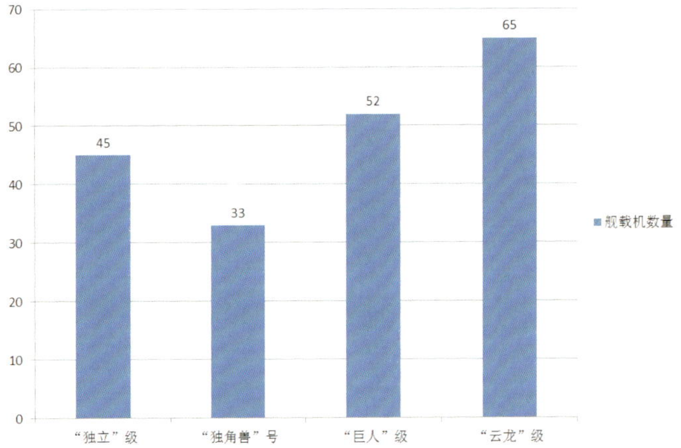

舰载机数量对比（单位：架）

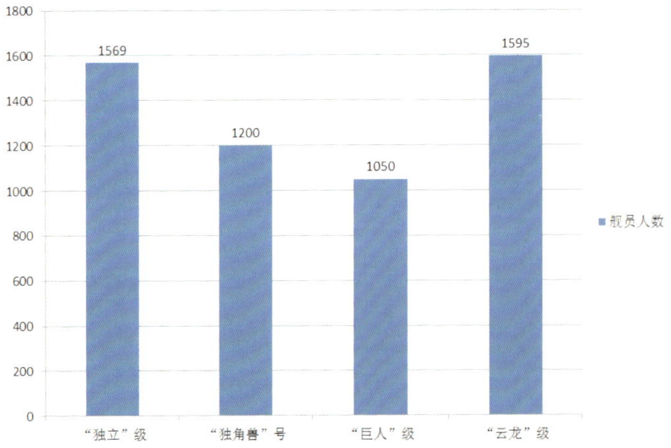

舰员人数对比（单位：人）

■ 建造背景概述

“独立”级航空母舰

日本偷袭珍珠港事件发生后，美国海军急需大量航空母舰服役，新造“埃塞克斯”级航空母舰无法迅速满足战争的需要，因此美国海军着手将舰型适合改作航空母舰的9艘“克利夫兰”级轻巡洋舰改装为轻型航空母舰，并重新命名为“独立”级。首舰“独立”号原为轻巡洋舰“阿姆斯特丹”号，1942年2月14日开始改建为轻型航空母舰，同年12月31日建成服役。其他8艘同级舰于1943年相继服役。

“独立”级航空母舰左舷视角

“独角兽”号航空母舰

英国“独角兽”号航空母舰于1939年6月26日开工，1941年11月20日下水，1943年3月12日服役，先后被派往大西洋、地中海、太平洋作战。1946年1月，“独角兽”号航空母舰退役封存。1949年，该舰重新服役，作为远东地区的飞机运输舰，主要用于运输、维修和保障。1953年11月17日，“独角兽”号航空母舰再次退役。1959年该舰被卖出，最终于1960年被拆解。

“独角兽”号航空母舰左舷视角

“巨人”级航空母舰

“巨人”级航空母舰由英国维克斯·阿姆斯特朗造船厂建造，其设计目标是构造简单和易于建造。1942～1943年间，英国海军共订购了16艘“巨人”级航空母舰。其中8艘按原始方案完成，有4艘在战争期间服役，但没有参加过一线战斗；余下8艘中，有2艘加装了飞机维护设备而不是弹射器和拦阻索，用作维护修理舰，另外6艘（实际完成5艘）增大了机库面积，改称“庄严”级航空母舰。因建造时间太迟，“巨人”级航空母舰没有在二战中发挥太大的作用。二战后，该级舰出现在其他多个国家的海军中，扮演了多种角色，如一线战斗航空母舰、试验航空母舰和训练航空母舰等。

“巨人”级航空母舰经过狮门大桥（加拿大温哥华）

“云龙”级航空母舰

“云龙”级航空母舰是日本为对抗美国海军太平洋舰队而紧急建造的航空母舰。因时间紧迫，“云龙”级航空母舰直接使用稍稍修正的“飞龙”号航空母舰设计图，几乎没有新增任何设计。该级舰原计划建造16艘，因战局恶化导致资源和生产力不足，最终只有3艘（“云龙”号、“天城”号、“葛城”号）完工，在建的3艘（“笠置”号、“阿苏”号、“生驹”号）被暂停建造，二战结束后被拆解。

“云龙”级航空母舰左舷视角

■ 舰体构造对比

“独立”级航空母舰

为了迅速满足战争需要，“独立”级航空母舰是以“克利夫兰”级轻巡洋舰改装而来，为了支撑舰岛以及其他额外的重量，舰体中央宽度较原始设计增加了1.5米。该舰的防护力较为薄弱，“普林斯顿”号便是因为机库甲板装甲较薄，导致存放于机库甲板的弹药被引爆，最后被迫凿沉。

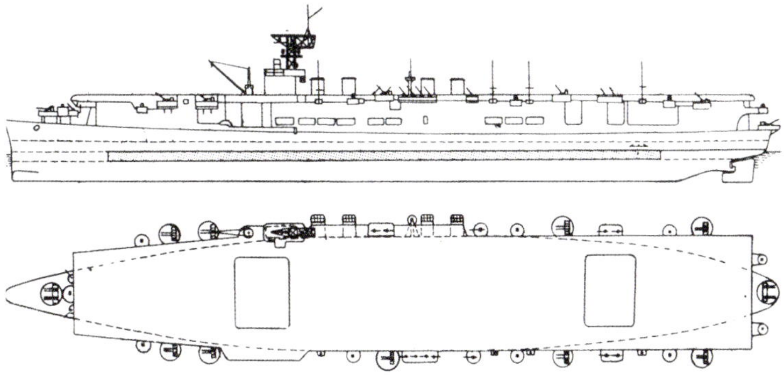

“独立”级航空母舰结构图

“独角兽”号航空母舰

“独角兽”号航空母舰的最初设计是作为“光辉”级航空母舰的支援舰，其职责是将同行航空母舰破损的舰载机进行修复。由于要求修复的舰载机可以直接起飞，最终将其设计成了一艘轻型舰队航空母舰和支援舰。该舰在某些方面和“皇家方舟”号航空母舰较为相似，尤其是高大的机库。为了加快进度，“独角兽”号航空母舰在完工时甚至没有配备维修设备。

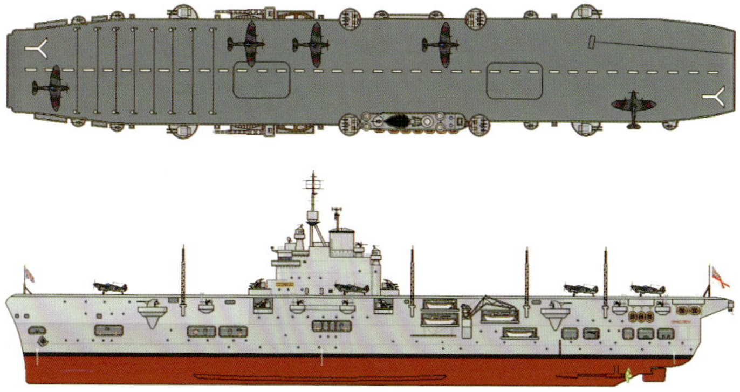

“独角兽”号航空母舰结构图

“巨人”级航空母舰

为了加快建造速度，“巨人”级航空母舰水线以下船体部分是按劳氏船级社的商船规范建造的。另外，为了减少费用，“巨人”级航空母舰参考了“光辉”级航空母舰的设计，但“巨人”级航空母舰并没有安装装甲，并减少了舰内“夹层”防御结构，主要是考虑到建造速度。“巨人”级航空母舰装有单层机库，采用轻型防空炮和巡洋舰主机。1957～1958年间，“巨人”级航空母舰进行了改装：增加了狭窄的斜角甲板，弹射器和防空炮被拆除。

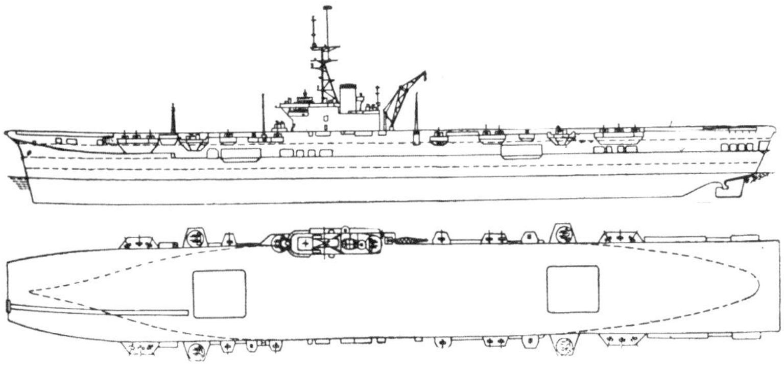

“巨人”级航空母舰结构图

“云龙”级航空母舰

“云龙”级航空母舰基本上沿用“飞龙”号航空母舰的设计图，不过舰桥的位置与形状有所变化。鉴于“飞龙”号的舰桥在左舷中部而引起湍流的情况，“云龙”级将舰桥设在右舷前部，舰桥之后紧接着是侧向烟囱。“云龙”级的飞行甲板的大小与“飞龙”号的一样，长216.9米，飞行甲板前后各装有1座升降机（比“飞龙”号少1座中部升降机），均大型化（14米×14米），以适应不断增大的新式舰载机的需要。

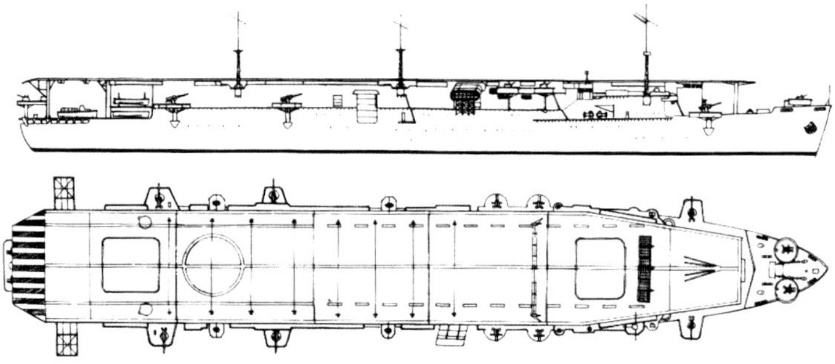

“云龙”级航空母舰结构图

"独立"级航空母舰俯视图

"独角兽"号航空母舰搭载的舰载机

"巨人"级航空母舰侧后方视角

舰载飞机对比

"独立"级航空母舰

"独立"级航空母舰原计划搭载F6F"地狱猫"战斗机、SBD"无畏"俯冲轰炸机与TBM"复仇者"鱼雷轰炸机各9架，但到1944年时的标准编制为24架F6F"地狱猫"战斗机与9架TBM"复仇者"鱼雷轰炸机。由于"独立"级航空母舰是一种应急的航空母舰，狭窄而且较短的飞行甲板使得舰载机起降的风险较正规航空母舰为高。

"独角兽"号航空母舰

"独角兽"号航空母舰可以搭载33架舰载机，曾搭载的机型包括"飓风"战斗机、"剑鱼"攻击机、"喷火"战斗机和F4F"野猫"战斗机等。

"巨人"级航空母舰

"巨人"级航空母舰最多可以搭载52架舰载机，具体机型根据服役国家和年代的不同而有所变化。作为维护修理舰的2艘"巨人"级航空母舰没有安装起降设备，不能起降舰载机。

“云龙”级航空母舰

“云龙”级航空母舰计划搭载的舰载机为零式舰载战斗机15架，九七式舰载攻击机20架，九九式舰载轰炸机30架，共65架。因机库收容不下这么多飞机，便决定将其中11架留在飞行甲板上。“云龙”级还接受海战的经验教训，改善机库的防火与通风条件。机库分上、下两层，上层分4个区，下层3个区，上下两层每隔3米设有一个灭火喷射头。

“云龙”级航空母舰

“独立”级航空母舰侧前方视角

自卫武器对比

“独立”级航空母舰

“独立”级航空母舰的自卫武器比较简单，仅有2座四联装40毫米防空炮、8座双联装40毫米防空炮和22门20毫米机炮。

“独角兽”号航空母舰

“独角兽”号航空母舰的自卫武器为4座双联装114毫米高平两用炮、4座四联装40毫米防空炮、2座双联装20毫米厄利空防空炮和8门20毫米单装厄利空防空炮。

“独角兽”号航空母舰侧前方仰视图

“巨人”级航空母舰

“巨人”级航空母舰最初的自卫武器为6座四联装2磅防空炮和16座双联装20毫米厄利空防空炮，后来换装了更有效的40毫米博福斯防空炮。

“巨人”级航空母舰侧面视角

“云龙”级航空母舰

“云龙”级航空母舰的自卫武器为6座双联装八九式127毫米防空炮、21座三联装25毫米防空炮和30门25毫米单装炮。

停泊在港口中的“云龙”级航空母舰

■ 动力装置对比

“独立”级航空母舰

“独立”级航空母舰的动力装置为4台蒸汽轮机和4台锅炉，推进功率为75000千瓦。以15节速度航行时，“独立”级航空母舰的续航距离为13000海里。

航行中的“独立”级航空母舰

“独角兽”号航空母舰

“独角兽”号航空母舰的动力装置为2台蒸汽轮机和4台锅炉，双轴推进，推进功率为30000千瓦。以13.5节速度航行时，“光辉”级航空母舰的续航距离为7000海里。

航行中的“独角兽”号航空母舰

“巨人”级航空母舰

“巨人”级航空母舰的动力装置为2台帕森斯蒸汽轮机和4台海军部式三鼓重油锅炉，双轴推进，推进功率为30000千瓦。以14节速度航行时，“巨人”级航空母舰的续航距离为12000海里。

航行中的“巨人”级航空母舰

“云龙”级航空母舰

“云龙”级航空母舰的动力装置为4台舰本式蒸汽轮机和8台舰本式重油水管锅炉，推进功率为113000千瓦。以18节速度航行时，“云龙”级航空母舰的续航距离为8000海里。

航行中的“云龙”级航空母舰

4.7 丧心病狂：日本“大凤”号 VS 日本“信浓”号

二战中后期，挽回颓势的旧日本海军建造了两艘排水量很大的航空母舰，一艘是满载排水量逼近40000吨的“大凤”号，另一艘是满载排水量逼近70000吨的“信浓”号。“大凤”号航空母舰是日本在二战中最后完工的一艘正规航空母舰，曾作为机动部队的旗舰参加战斗。“信浓”号航空母舰是旧日本海军有史以来建造的排水量最大的军舰，也是当时世界上排水量最大的军舰。然而，日本丧心病狂的举动并没有为他们带来期望的胜利，“信浓”号航空母舰在服役后的第一次正式出航中，仅仅航行了17个小时便被美军潜艇发射的4枚鱼雷击沉，创造了世界舰船史最短命的航空母舰的纪录。

“大凤”号航空母舰3D模型图

“信浓”号航空母舰3D模型图

基本参数对比

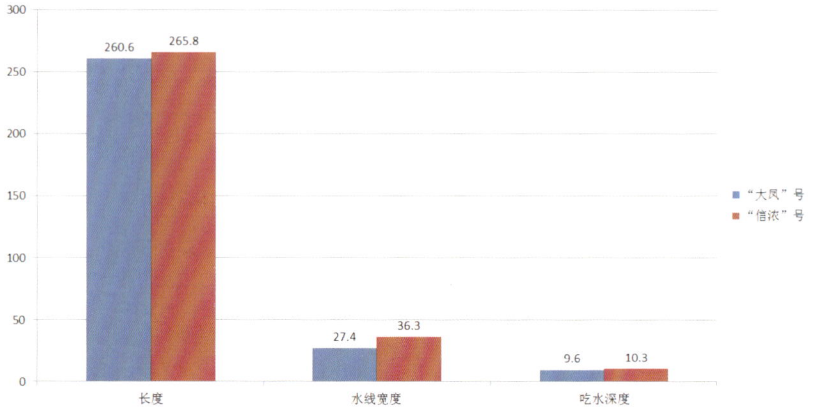

舰体尺寸对比（单位：米）

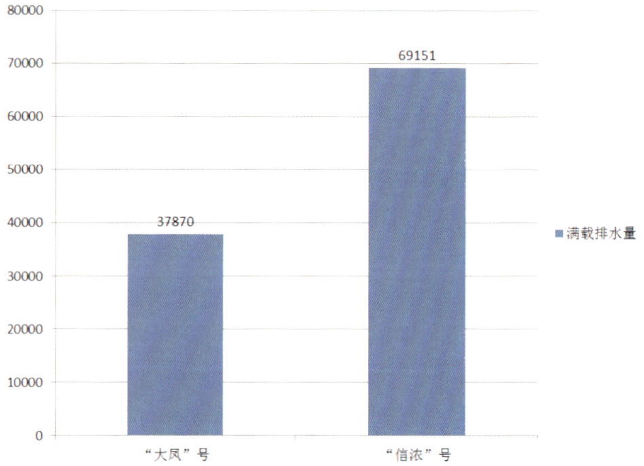

满载排水量对比（单位：吨）

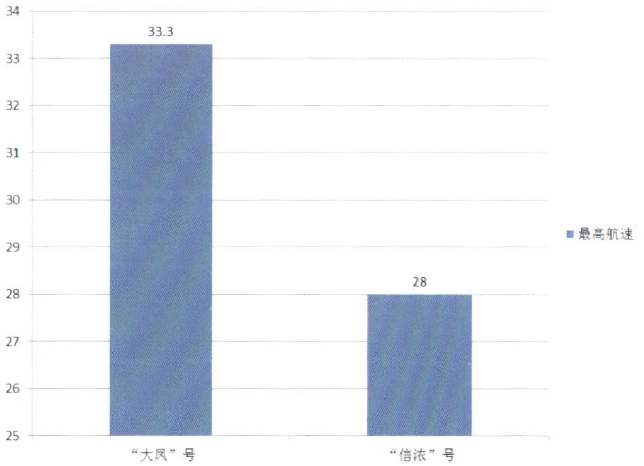

最高航速对比（单位：节）

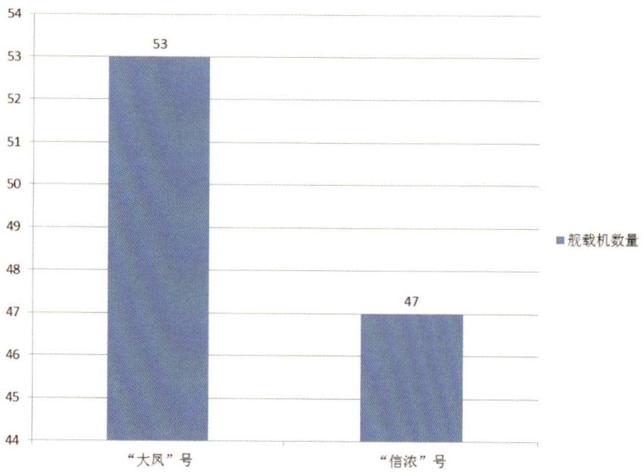

舰载机数量对比（单位：架）

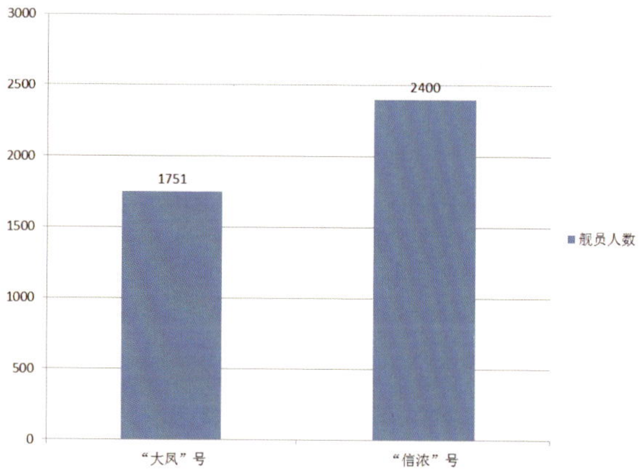

舰员人数对比（单位：人）

■ 建造背景概述

“大凤”号航空母舰

20世纪30年代，限制海军军备的《华盛顿海军条约》在1936年12月到期失效，进入了所谓“无条约制约”的时期，世界各海军强国开始了军备竞赛。日本以美国为对手实施造舰计划。1939年，日本开始实施第四次舰艇补充计划，计划中包括建造一艘航空母舰。日本按计划建造了“大凤”号航空母舰，与其他日本航空母舰不同的是，“大凤”号主要在舰队中担任支援其他航空母舰作战的任务，并不强调舰载机数量，而是将防护性能摆在首位，重点要求提高防御力。该舰于1941年7月10日动工建造，1943年4月7日下水，1944年3月7日竣工。1944年6月19日，“大凤”号航空母舰在菲律宾海海战中遭到美国海军潜艇攻击，因油管破损造成油气外泄，之后因不明原因发生爆炸，最终沉没。

“大凤”号航空母舰

“信浓”号航空母舰

“信浓”号原本是作为“大和”级战列舰的三号舰建造，1940年5月在横须贺海军工厂六号船坞开工建造。太平洋战争爆发后，“信浓”号的建造计划被取消。1942年6月日本由于中途岛海战的惨败，损失了4艘主力航空母舰，航空母舰机动力量大大减少。于是，日本决定优先建造航空母舰。在此背景下，日本将已经完成50%进度的“信浓”号改建成航空母舰。被改建为航空母舰的“信浓”号在1942年9月恢复施工，计划于1945年2月竣工。但后来在瓜达尔卡纳尔岛战役中，日军大量舰艇受损，需要在横须贺船厂进行大修，这导致“信浓”号的建造工作中断了数月。1944年菲律宾海海战，日本大败而归，随后旧日本海军严令“信浓”号必须在1944年内建成。造船厂方面只得不分日夜赶工并忽视了大量的次要流程，于1944年11月19日才勉强宣布建成（其实该舰仍然有大量细节部分没有完工）。1944年11月28日，“信浓”号航空母舰在服役后的第一次正式出航中被美军潜艇发射的鱼雷击沉。

“信浓”号航空母舰

■ 舰体构造对比

“大凤”号航空母舰

“大凤”号航空母舰是日本第一艘采用装甲飞行甲板的航空母舰，飞行甲板上铺设厚75毫米装甲，其下还有20毫米特种钢板，可抵抗500千克炸弹的轰炸。此前日本航空母舰的飞行甲板缺少装甲防护，俯冲轰炸机攻击时仅一颗炸弹就可以使航空母舰失去战斗力。为加强结构强度，飞行甲板中部没有设置升降机。舷侧防护装甲厚度由上部（185毫米）向下逐渐变薄（70毫米），水线以下防护装甲采用倾斜布置。为了防止飞行甲板以及结构重量增加引起整艘船的重心上升，“大凤”号航空母舰的干舷比“翔鹤”级航空母舰低1.7米，飞行甲板前端舰艏及舰体机库中、前部侧面设计同英国“光辉”级航空母舰一样采用全封闭式，以抵御恶劣海况大浪的损害。以往日本航空母舰设计了舷侧伸出向下弯曲的烟囱，“大凤”号航空母舰改为与舰桥一体化的舰岛（位于右舷）结构，直立式烟囱在舰岛顶部向外倾斜26度，减轻烟囱排烟对飞行作业的影响。

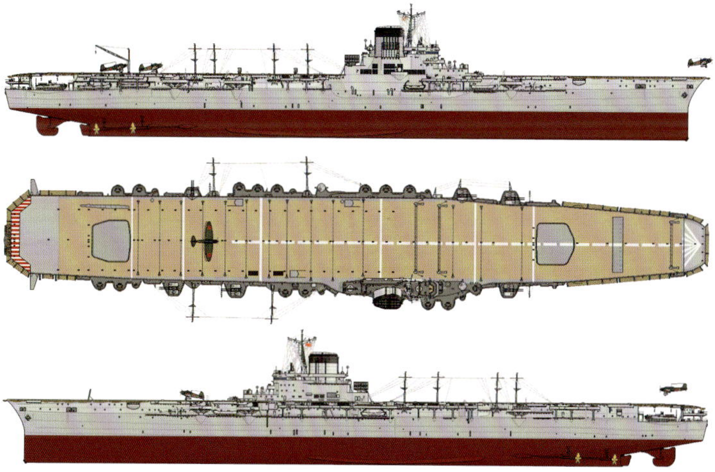

“大凤”号航空母舰结构图

“信浓”号航空母舰

为了有效防御敌军的高空和俯冲轰炸，“信浓”号航空母舰的飞行甲板也铺设了75毫米厚的甲板装甲，同时还覆盖了200毫米厚的钢骨水泥层。重点位置的装甲特别进行了加固，使之可以抵抗大口径火炮的轰击。水线以下也加装了牢固的装甲，以便抵御敌军的主力鱼雷。“信浓”号航空母舰设有开放式机库，通风能力较好。该舰的岛式舰桥设置于右舷中央部上，舰桥的后部向外侧倾斜23度。

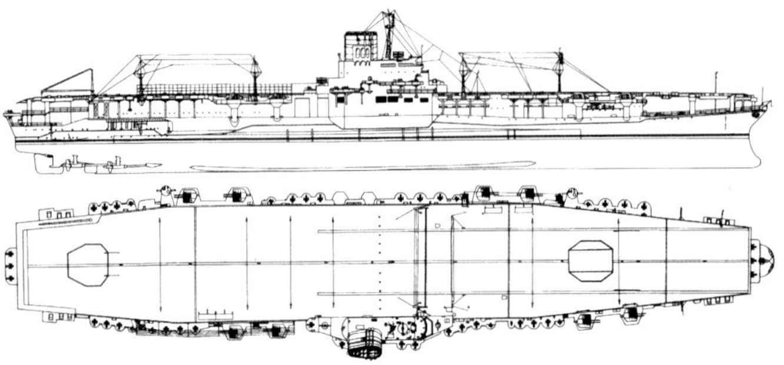

“信浓”号航空母舰结构图

自卫武器对比

“大凤”号航空母舰

“大凤”号航空母舰的自卫武器为6座双联装100毫米防空炮、17座三联装25毫米防空炮。

“信浓”号航空母舰

“信浓”号航空母舰的自卫武器相对较多，包括8座双联装127毫米高平两用炮、37座三联装25毫米防空炮和22挺13毫米高射机枪。127毫米高平两用炮可作为舰炮平射攻击敌方舰船，也可以作为高射炮使用，射速每分钟超过15发，采用半自动装填，主要用来对付中高空的敌机；25毫米防空炮主要对来对付低空目标，射速很快。缺点在于威力较小，因使用15发固定弹匣供弹，每次换弹药时必须停止射击，使防空效率大打折扣；13毫米高射机枪主要对付贴近战舰的敌方飞机。虽然射速高，但是威力很弱，加上美军飞机一般有装甲以及其他的保护措施，杀伤力明显不足。

舰载飞机对比

“大凤”号航空母舰

“大凤”号航空母舰设有两层机库，配备了一前一后2座升降机。该舰设计搭载84架舰载机，实际作战时通常搭载53架舰载机，包括24架“烈风”战斗机、25架“流星”攻击机（24架常用，1架备用）、4架“彩云”侦察机。

“信浓”号航空母舰

“信浓”号航空母舰最初设计搭载65架舰载机，包括38架“烈风”战斗机、18架“流星”攻击机和9架“彩云”侦察机。后期因为作战需要发生改变，又改为20架“烈风”战斗机和27架“流星”攻击机，一共47架舰载机。虽然为了提高整舰的防御能力造成舰载机数量较少，但是这些飞机的性能已经有大幅度的进步，在一定程度上弥补了数量的不足。

"烈风"舰载战斗机外形图

"流星"攻击机外形图

"彩云"侦察机外形图

■ 动力装置对比

"大凤"号航空母舰

"大凤"号航空母舰的动力装置为4台舰本式蒸汽轮机和8台舰本式重油专烧锅炉，推进功率为120000千瓦。以18节速度航行时，"大凤"号航空母舰的续航距离为10000海里。

"信浓"号航空母舰

"信浓"号航空母舰的动力装置为4台蒸汽轮机和12台锅炉，推进功率为110000千瓦，最大航速27节。以18节速度航行时，续航距离为10000海里。"信浓"号航空母舰的动力与"大和"级战列舰相当，比一般舰队航空母舰的速度低，而续航能力超过"大和"级战列舰很多，可以满足实战需要。

4.8 姗姗来迟：美国“塞班岛”级 VS 英国“庄严”级 VS 英国“半人马”级

二战后期，尽管同盟国已经取得了巨大优势，但为了赢得最终胜利，美英两国仍在继续建造航空母舰，这也使得一些航空母舰生于二战却未能真正参与二战，包括美国“塞班岛”（Saipan）级、英国“庄严”（Majestic）级和“半人马”（Centaur）级等。这些姗姗来迟的航空母舰既未能在二战中一展身手，也不能很好地适应二战后飞速发展的喷气式舰载机。尽管如此，这些航空母舰仍然在航空母舰发展史上留下了不可忽视的一笔。

“塞班岛”级航空母舰3D模型图

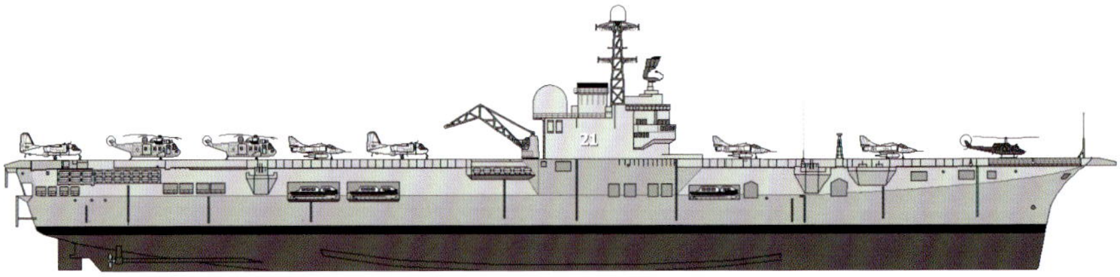

“庄严”级航空母舰外形图

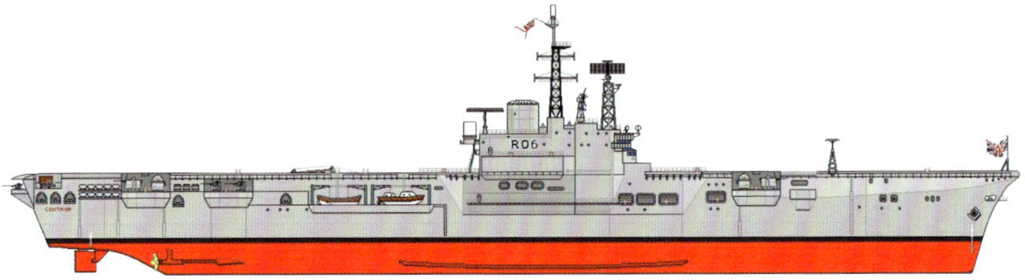

“半人马”级航空母舰外形图

■ 基本参数对比

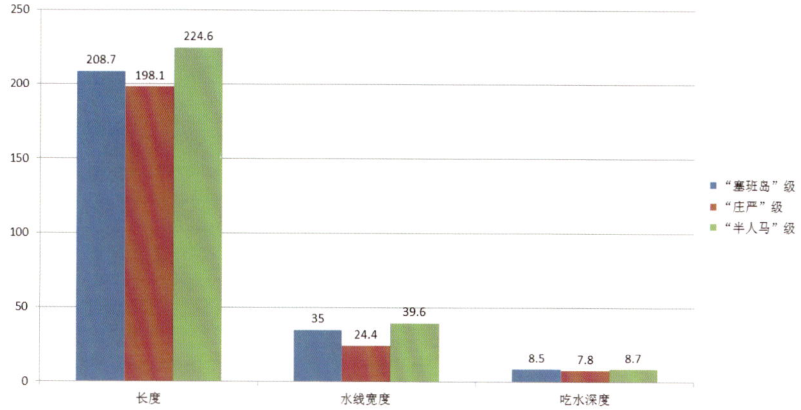

舰体尺寸对比（单位：米）

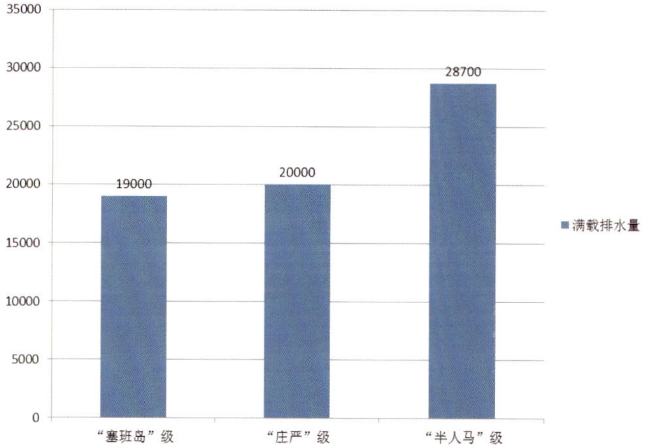

满载排水量对比（单位：吨）

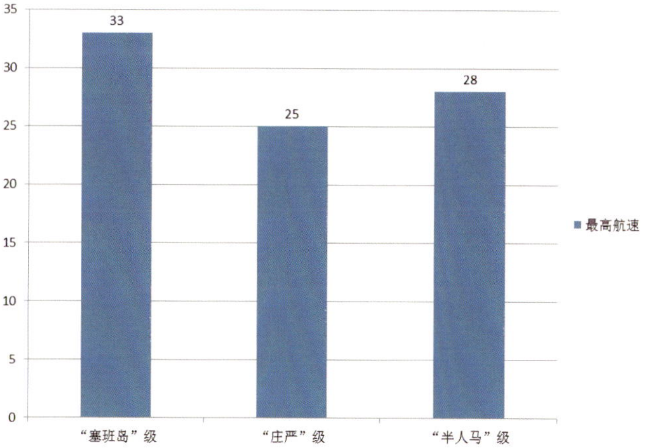

最高航速对比（单位：节）

造，1947年5月下水，1954年5月服役，1973年退役。三号舰“壁垒”号于1945年5月开工建造，1948年6月下水，1954年11月服役，1981年退役。四号舰“竞技神”号于1944年6月开工建造，1953年2月下水，1959年11月服役，1984年退役。“竞技神”号与其他同级舰差别较大，在服役末期参加了马岛战争。1986年4月，印度海军以较低的价格从英国购买进此舰，经过改装和大修后改名“维拉特”号。

访问我国香港的“半人马”级航空母舰

舰体构造对比

“塞班岛”级航空母舰

“塞班岛”级航空母舰使用了“巴尔的摩”级重巡洋舰的船体和轮机的设计，与“独立”级航空母舰相比，“塞班岛”级航空母舰改善了航海性能，进一步细分了水密舱布置，加强了装甲，增大了弹药库容量，加大了飞行甲板的强度，增加了更多的航空队，并且稍稍提升了航速。改装成指挥舰后，舰上装备了各种情报搜集的处理设备，同时增设了作战室和参谋室，以便向世界各地的美国军舰传送命令。为了安装通信设备，在飞行甲板上竖起了高25米的天线杆，因此舰体外形变化极大。

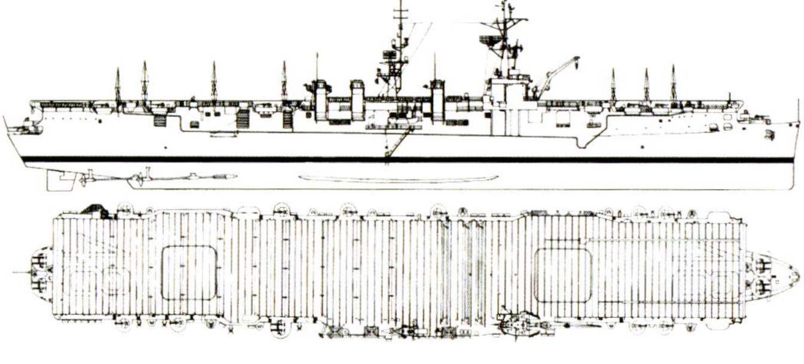

“塞班岛”级航空母舰结构图

“庄严”级航空母舰

“庄严”级航空母舰的飞行甲板长211.4米、宽34.1米，甲板装甲厚度为25～50毫米。

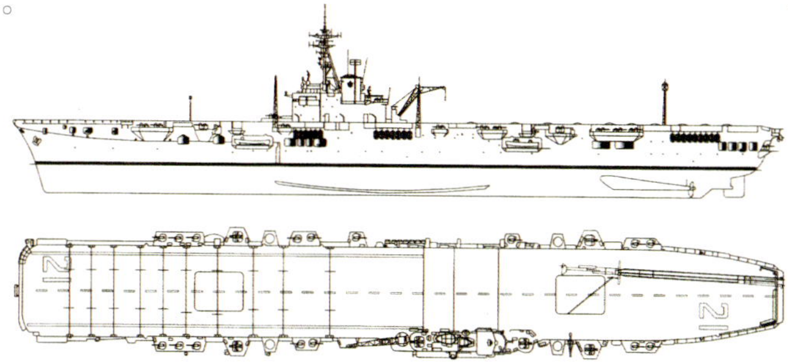

“庄严”级航空母舰结构图

“半人马”级航空母舰

“半人马”级航空母舰在建造过程中对结构进行了加强，与“巨人”级航空母舰相比，其主尺度和排水量都增大了，主机输出功率和航速大为提高，以便能搭载更先进的喷气式飞机。

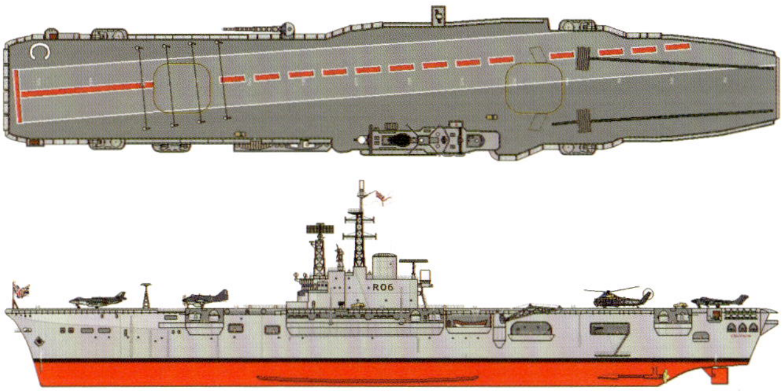

“半人马”级航空母舰结构图

■ 舰载飞机对比

“塞班岛”级航空母舰

“塞班岛”级航空母舰可以搭载42架舰载机，包括18架F6F“地狱猫”战斗机、12架SB2C“地狱俯冲者”俯冲轰炸机和12架TBM“复仇者”鱼雷轰炸机。

“塞班岛”级航空母舰飞行甲板前方搭载的舰载机

“庄严”级航空母舰

“庄严”级航空母舰能够搭载39架二战时期的舰载机，进入喷气式舰载机时代后，载机量变为20架。

“半人马”级航空母舰

“半人马”级航空母舰最初设计搭载42架舰载机，进入喷气式舰载机时代后，载机量下降到26架，主要机型包括“海鹰”战斗机、“海毒液”战斗机、“海雌狐”战斗机和“弯刀”战斗机等。

自卫武器对比

“塞班岛”级航空母舰

“塞班岛”级航空母舰的自卫武器为5座四联装40毫米防空炮、10座双联装40毫米防空炮和16门20毫米机炮。

TBM“复仇者”轰炸机在“庄严”级航空母舰上空飞行

“半人马”级航空母舰俯视图

“塞班岛”级航空母舰侧前方视角

“庄严”级航空母舰侧后方视角

“半人马”级航空母舰侧前方视角

高速航行的“塞班岛”级航空母舰

“庄严”级航空母舰

“庄严”级航空母舰的自卫武器最初设计为30门40毫米防空炮，实际建造时大多只安装了10～16门。

“半人马”级航空母舰

“半人马”级航空母舰的自卫武器相对较多，包括2座六联装40毫米博福斯防空炮、8座双联装40毫米博福斯防空炮、4座单联装40毫米博福斯防空炮、5座双联装40毫米博福斯防空炮（仅装备“竞技神”号，1966年全部撤装）、4座双联装40毫米博福斯防空炮（“阿尔比恩”号、“壁垒”号改装后）。1966年，“竞技神”号改装后还安装了2座GWS22“海猫”导弹发射装置。

■ 动力装置对比

“塞班岛”级航空母舰

“塞班岛”级航空母舰的动力装置为4台蒸汽轮机和4台锅炉，推进功率为89500千瓦。以15节速度航行时，“塞班岛”级航空母舰的续航距离为8000海里。

“庄严”级航空母舰

“庄严”级航空母舰的动力装置为2台帕森斯蒸汽轮机和4台海军部式三鼓重油锅炉，双轴推进，推进功率为30000千瓦。以14节速度航行时，“庄严”级航空母舰的续航距离为12000海里。

缓慢航行的“庄严”级航空母舰

“半人马”级航空母舰

“半人马”级航空母舰的动力装置为2台蒸汽轮机和4台锅炉，推进功率为58000千瓦。以20节速度航行时，“半人马”级航空母舰的续航距离为6000海里。

高速航行的“半人马”级航空母舰

第5章 准航空母舰巅峰对决

在现代海军的主力舰艇中，还有一些舰种的外形和职能均与航空母舰相似，例如由直升机航空母舰发展而来的两栖攻击舰。此外，还有的国家因为各种因素的限制，建造了一些有航母之实却无航母之名的军舰，例如日本海上自卫队所谓的“直升机护卫舰”。

5.1 北约悍将：美国“美利坚”级 VS 英国“海洋”号 VS 法国“西北风”级

两栖攻击舰是一种用来在敌方沿海地区进行两栖作战时，在战线后方提供空中与水面支援的军舰，可以提供舰载机的起飞和降落，在海军的地位仅次于航空母舰。由于各国海军对于此类军舰的任务需求与设计理念皆有不同，往往名称相近的舰种在各国也会有不同的用途规划。除了美国海军因为拥有排水量高出许多的超级航空母舰，因此在航空母舰与两栖攻击舰之间可以划出明确的分类界线外，其他国家的两栖攻击舰往往与直升机航空母舰或轻型航空母舰的任务角色具有高度重叠性，或甚至无法明确划分类别。在世界各国建造的两栖攻击舰中，整体作战性能最为突出的当属美国“美利坚”（America）级、英国“海洋”（Ocean）号和法国“西北风”（Mistral）级，前者是美国建造中的最新一级两栖攻击舰，后两者都是20世纪90年代开始建造的两栖攻击舰。

“美利坚”级两栖攻击舰3D模型图

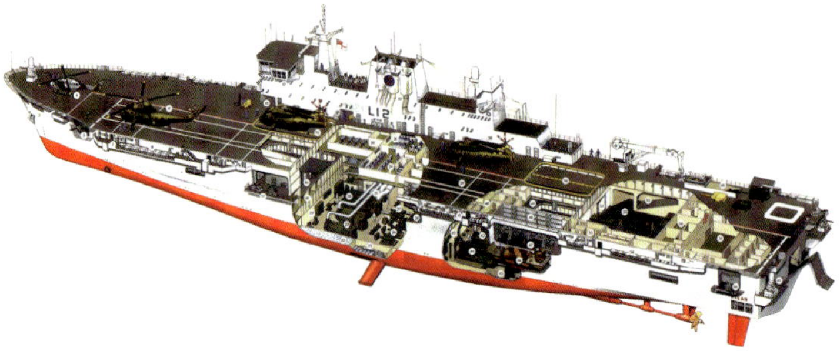

“海洋”号两栖攻击舰3D模型图

“西北风”级两栖攻击舰3D模型图

■ 基本参数对比

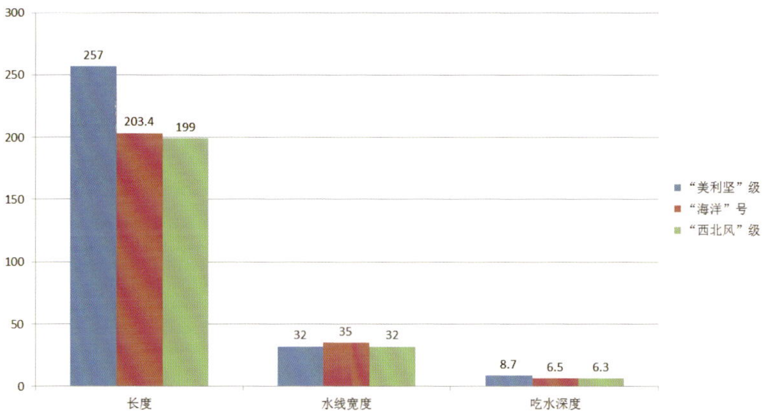

舰体尺寸对比（单位：米）

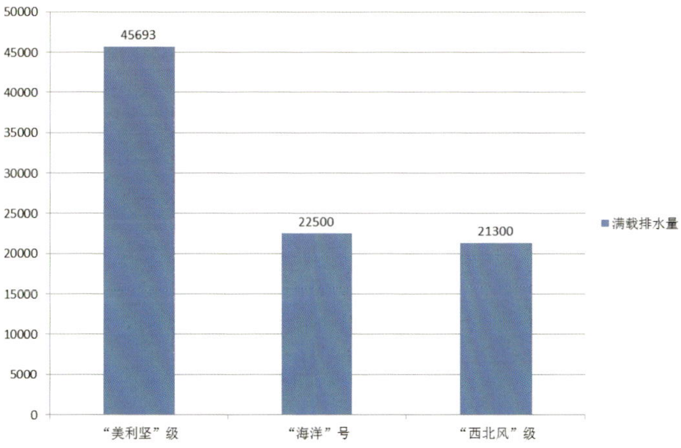

满载排水量对比（单位：吨）

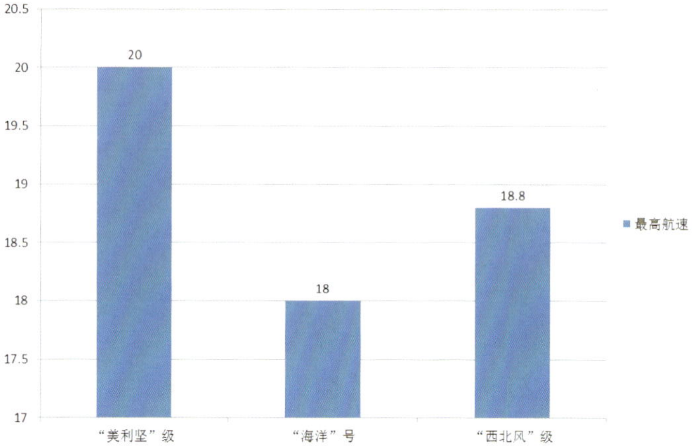

最高航速对比（单位：节）

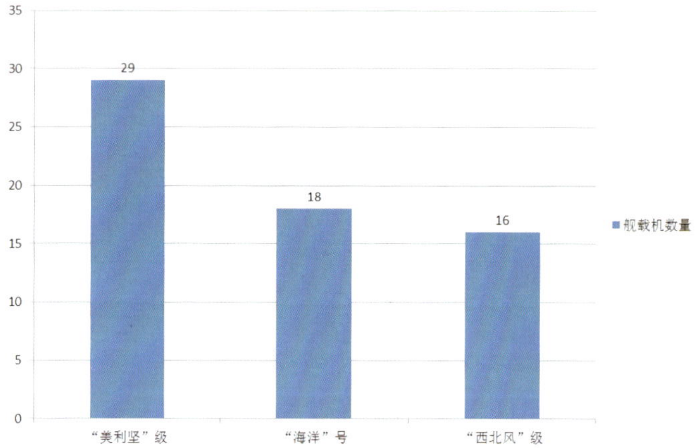

舰载机数量对比（单位：架）

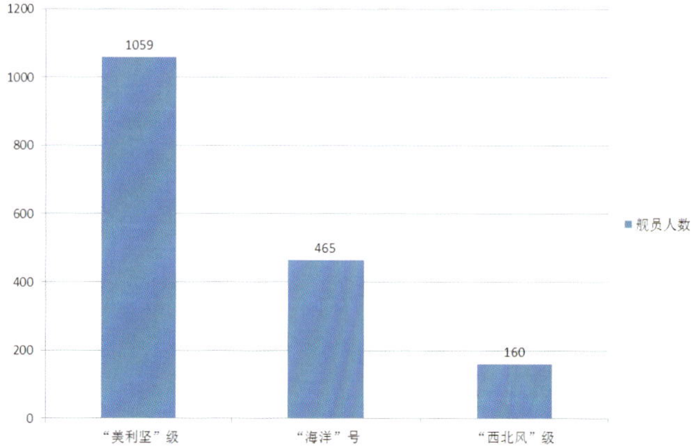

舰员人数对比（单位：人）

■ 建造背景概述

“美利坚”级两栖攻击舰

2007年6月4日，美国海军与诺斯罗普·格鲁曼公司舰艇系统部正式签署“美利坚”级两栖攻击舰首舰“美利坚”号（LHA-6）的建造合同，合同金额为24亿美元。2009年7月17日，“美利坚”号两栖攻击舰的龙骨铺设仪式在诺斯罗普·格鲁曼公司英格尔斯造船厂进行。2012年6月4日，“美利坚”号两栖攻击舰在英格尔斯造船厂的浮动式干船坞下水。2014年10月11日，“美利坚”号两栖攻击舰正式服役，取代舰龄已高的“贝里琉”号两栖攻击舰（隶属“塔拉瓦”级）。“美利坚”级两栖攻击舰计划建造11艘，二号舰“的黎波里”号（LHA-7）于2014年6月22日开工建造，2017年5月1日下水，预计2019年正式服役。三号舰“布甘维尔”号（LHA-8）及其他同级舰尚未开工建造。

“美利坚”级两栖攻击舰

“海洋”号两栖攻击舰

“海洋”号两栖攻击舰（L12）的设计衍生自英国“无敌”级航空母舰，为了最大化降低成本，整体防护性能有一定程度的下降，但仍维持英国海军的舰艇抗沉标准。该舰于1994年5月30日开工建造，1995年10月11日下水，1998年9月30日开始服役。截至2017年12月，“海洋”号两栖攻击舰仍然在役。

“西北风”级两栖攻击舰

为了取代老旧的“闪电”级船坞登陆舰并健全两栖战力，法国舰艇建造局在1997年展开“多功能两栖攻击舰”计划，打算发展新的多功能两栖攻击舰艇，其成果就是“西北风”级两栖攻击舰，法国海军一共装备了3艘，首舰“西北风”号（L9013）于2005年12月开始服役，二号舰“雷电”号（L9014）于2007年8月开始服役，三号舰“迪克斯梅德”号（L9015）于2012年3月开始服役。除法国海军外，埃及海军也购买了2艘“西北风”级两栖攻击舰。俄罗斯海军原本也订购了4艘，但是2014年乌克兰危机发生后，法国宣布不再售予俄罗斯原先订购的“西北风”级两栖攻击舰。

“海洋”号两栖攻击舰右舷前方视角

停泊在港口中的“西北风”级两栖攻击舰

■ 舰体构造对比

“美利坚”级两栖攻击舰

“美利坚”级两栖攻击舰是美国乃至全世界有史以来吨位最大的两栖攻击舰，虽然名义上称为两栖攻击舰，但在构造和用途上与一般的非斜向甲板设计的航空母舰并无不同。事实上，除了美国“尼米兹”级和俄罗斯“库兹涅佐夫”号等极少数航空母舰，其他国家服役中的航空母舰的排水量几乎都要小于“美利坚”级。相较于美国过去的两栖攻击舰，“美利坚”级拥有更大的机库、经重新设计与扩大的航空维修区、大幅扩充的零件与支援设备储存空间以及更大的油料库。“美利坚”级两栖攻击舰主要作为两栖登陆作战中空中支援武力的投射平台，完全省略了坞舱的设计，节约出来的空间被用来建造两座更宽敞、净空更大、设有吊车、可容纳MV-22“鱼鹰”倾转旋翼机的维修舱。

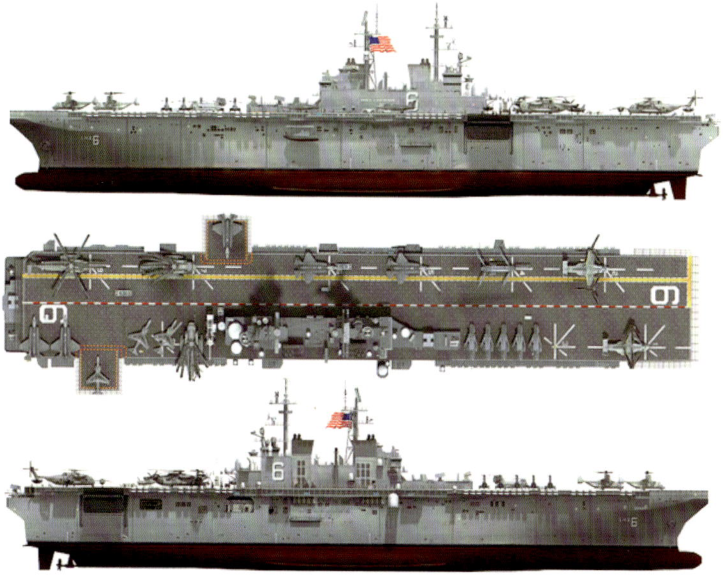

“美利坚”级两栖攻击舰结构图

“海洋”号两栖攻击舰

由于任务需求的不同，“无敌”级航空母舰的部分设计并没有用在“海洋”号两栖攻击舰上，例如没有滑跃甲板，岛式上层建筑较小，舷宽也略有不同。“海洋”号两栖攻击舰大量使用商业规格钢板建造，这种钢板具有良好的低温延展性，施工成本较低。水线以上部位多采用平面造型，能加快施工组装进度，同时有助于减少雷达截面积。舰内划分为5个消防区与3个核生化防护区。

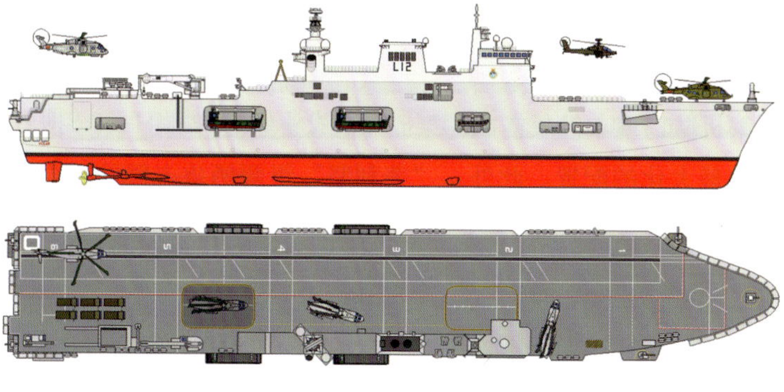

“海洋”号两栖攻击舰结构图

气轮机-全电推进方式。这种推进方式安静性能好、推进效率高、启动运转速度快，是未来大型水面舰艇动力的发展趋势。“美利坚”级两栖攻击舰装有2台通用电气公司的LM2500燃气轮机，总功率为52000千瓦。此外，还装有2台电动机，总功率为3700千瓦。

航行中的“美利坚”级两栖攻击舰

“海洋”号两栖攻击舰

由于“海洋”号两栖攻击舰的航速需求较慢，因此主机从原本“无敌”级航空母舰的燃气轮机改成2台克罗斯利·皮尔斯蒂克PC2 MK 6柴油机，最大航速降至18节，但燃油消耗的经济性增加不少。由于新主机的排气量比“无敌”级航空母舰的燃气轮机大幅减少，因此“海洋”号两栖攻击舰只需要一座烟囱，连带使得排气道设计大幅简化，增加了不少舰内可用空间。

航行中的“海洋”号两栖攻击舰

“西北风”级两栖攻击舰

“西北风”级两栖攻击舰是法国海军第一种采用综合全电力推进系统的军舰，装有3台单机功率为6200千瓦的瓦锡兰16 V32柴油发电机，以及1台功率为3000千瓦的瓦锡兰瓦萨18 V200 辅助柴油发电机。推进器则采用2台劳斯莱斯公司的“美人鱼”（Mermaid）可转式囊荚电动推进器，总功率为15000千瓦，取代了传统的大轴与船舵。

航行中的“西北风”级两栖攻击舰

电子设备对比

“美利坚”级两栖攻击舰

“美利坚”级两栖攻击舰配备了AN/SPS-48E对空搜索雷达、AN/SPQ-9B火控雷达、海上全球指挥控制系统、海军战术指挥支援系统、联合战术信息分发系统、AN/USQ-119(V)27联合海上指挥信息系统、AN/KSQ-1两栖攻击指挥系统、Link16号数据链等先进电子设备。

“美利坚”级两栖攻击舰正后方视角

“海洋”号两栖攻击舰

为了节省成本，“海洋”号两栖攻击舰只有996型二维对空搜索雷达，没有“无敌”级航空母舰上的1022型三维搜索雷达，但足够为近程防御武器系统提供目标，以至向友军发出警告。“海洋”号两栖攻击舰的作战中枢为英国宇航系统公司开发的ADAWS-2000战斗资料系统，整合有Link-11/14数据链。此外，舰上还有SATCOM 1D卫星通信系统。

“海洋”号两栖攻击舰右舷视角

“西北风”级两栖攻击舰

为了有效指挥两栖登陆作战，“西北风”级两栖攻击舰配备了改良自“戴高乐”号航空母舰的SENIT-9作战系统与完善的指管通情装备，包含HF/VHF/UHF/SHF等各种通信频道以及SYRACUSE卫星通信系统，并与北约海军Link-11/16/22数据链兼容。舰上还配备MRR3D-NG三维对空/对海搜索雷达、DRBN-38A导航雷达以及光电射控系统，功能十分完善。“西北风”级两栖攻击舰拥有舰内网络并广泛使用计算机系统，包括150个散布各处的工作站。

“西北风”级两栖攻击舰右舷视角

5.2 野心勃勃：日本“日向”级 VS 日本“出云”级

由于日本不能拥有军队，而且采取专守防卫的立场，因此原则上不配备具有侵略性的舰种（如航空母舰、巡洋舰与核潜艇）。目前，日本海上自卫队装备的大中型舰艇统称“护卫舰”和“运输舰”，实际型号囊括了直升机航空母舰、驱逐舰、两栖攻击舰、坦克登陆舰以及将来可能建造的任何类型的舰艇。在这些舰艇中，吨位最大的就是日本自称为“直升机护卫舰”的直升机航空母舰。2009年开始服役的“日向”级直升机护卫舰拥有与别国海军直升机航空母舰乃至轻型航空母舰接近的舰体构造、功能与吨位。该级舰一度是日本在二战结束、帝国海军解散后所建造的排水量最大的军舰。2015年，“出云”级直升机护卫舰开始服役，打破了“日向”级直升机护卫舰创造的吨位纪录。

“日向”级直升机护卫舰3D模型图

“出云”级直升机护卫舰3D模型图

■ 基本参数对比

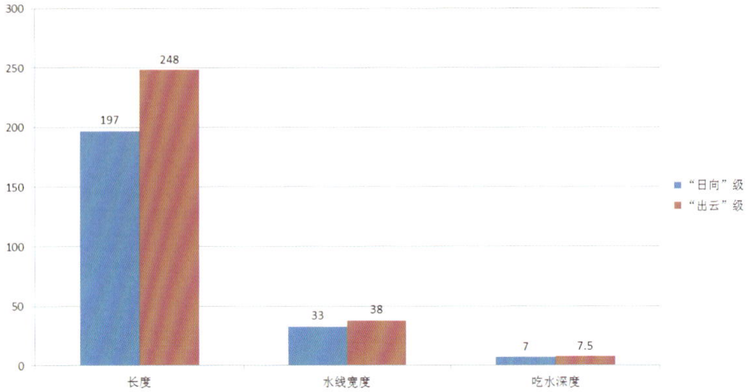

舰体尺寸对比（单位：米）

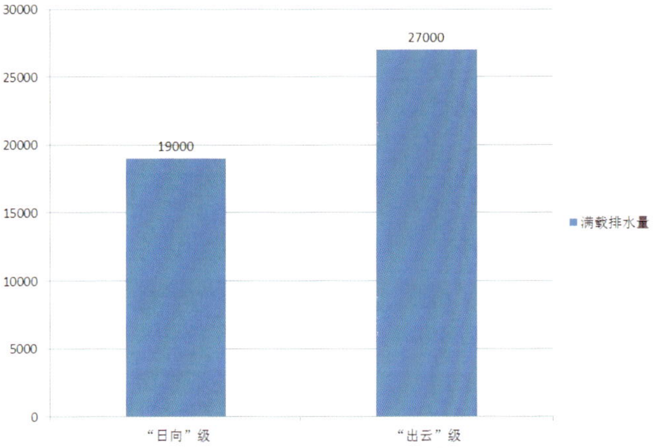

满载排水量对比（单位：吨）

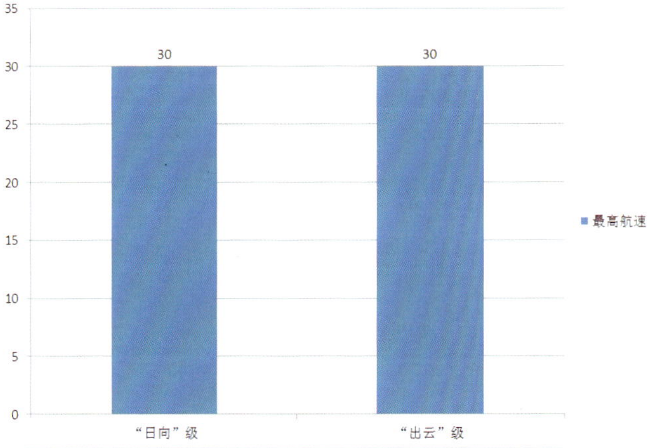

最高航速对比（单位：节）

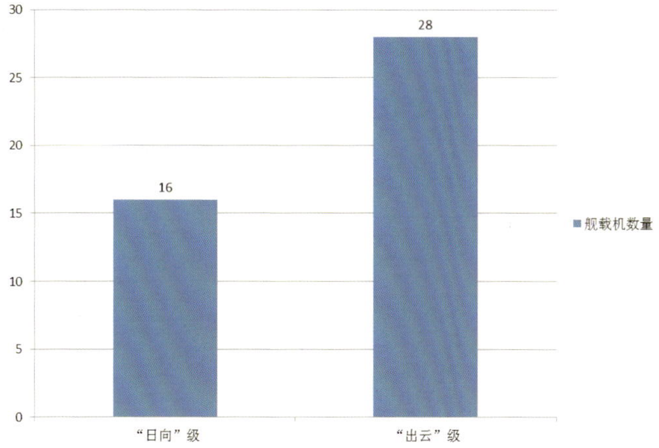

舰载机数量对比（单位：架）

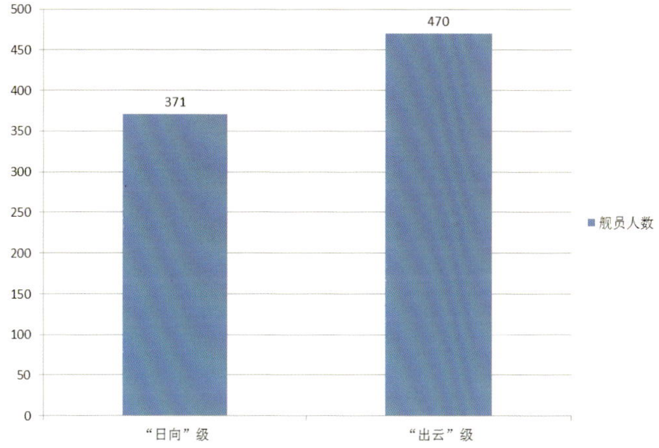

舰员人数对比（单位：人）

■ 建造背景概述

“日向”级直升机护卫舰

为了替换20世纪70年代建造的“榛名”级直升机护卫舰，日本防卫省在2000年提出的2001～2005年度中期防卫力整建计划中，首度提出建造新一代的直升机护卫舰，即“日向”级直升机护卫舰。2006年5月，首舰由石川岛播磨重工业横滨造船厂开工建造，2007年8月下水，2009年3月服役，命名为“日向”号（DDH-181），这是日本海上自卫队成立以来第一次恢复古国名的命名规则。二号舰于2008年5月开工建造，2009年8月下水，于2011年3月在吴港服役，命名为“伊势”号（DDH-182）。

“日向”级直升机护卫舰

“出云”级直升机护卫舰

“伊势”号直升机护卫舰下水后不久，日本政府便批准了下一代直升机护卫舰的预算，根据日本对服役前军舰的称呼惯例，该舰以平成纪年法而被暂命名为“22DDH”。2013年8月6日，首舰“出云”号（DDH-183）在日本横滨举行下水典礼，2015年3月正式服役。2015年8月27日，二号舰“加贺”号（DDH-184）也于日本横滨举行下水典礼，2017年3月正式服役。该级舰虽然仍旧保持“直升机护卫舰”的定位，但其尺寸和排水量已超过了日本二战时期的部分正规航空母舰，也超过了意大利、泰国等国现役的轻型航空母舰。

“出云”级直升机护卫舰俯视图

■ 舰体构造对比

“日向”级直升机护卫舰

“日向”级直升机护卫舰的舰体总共分为7层甲板，舰体前段设有下甲板机库，长125米，挑高占2层甲板，并由一道防火门划分为第一、第二机库；机库后方是航空机维修甲板，挑高占3层甲板；前段与后段舰体中轴线上，各有1座直升机升降机。飞行甲板下方的第二甲板是综合功能区，设置了船舰战情控制中心、军官生活起居空间与医疗设施，此外还有一处多用途规划区，可用来容纳舰队司令部的人员，或设置舰队作战中心，也可在人道救援、救灾、撤侨等作业中用来收容难民。

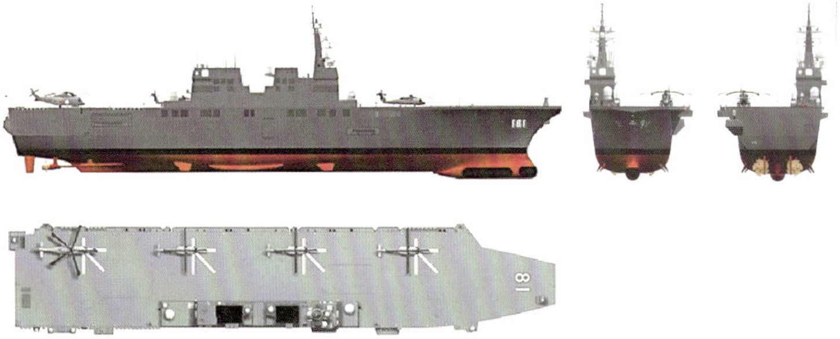

“日向”级直升机护卫舰结构图

“出云”级直升机护卫舰

“出云”级直升机护卫舰除了舰体规模较“日向”级直升机护卫舰更庞大外，还拥有后者所不具备的两栖部队运输能力和海上补给能力，舷侧设有两栖部队滚装舱门，舰艉设有燃料纵向补给设施，多任务能力有较大提升。与“日向”级相比，“出云”级的升降机布置有所变更，前部升降机仍位于上层结构前端左侧，面积与“日向”级较大的后部升降机相当；后部升降机则移至舰岛后方右舷，面积更大且为舷外形式，足以操作更大型的舰载机。加上飞行甲板前部左侧取消了“日向”级的内削构型，增大可用面积，飞行甲板长度可让F-35B战斗机在不依靠滑跃甲板的情况下进行短距起飞。

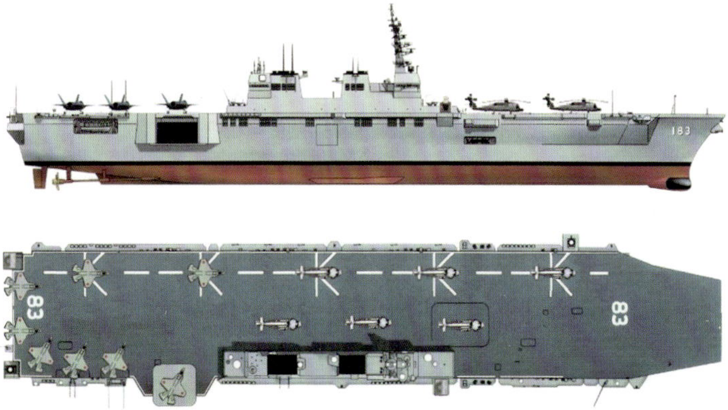

“出云”级直升机护卫舰结构图

美国海军补给舰（左）为“日向”级直升机护卫舰（右）补给

“出云”级直升机护卫舰

“出云”级直升机护卫舰同样采用4台LM2500燃气轮机，但因舰体尺寸有所增加，所以燃气轮机的推力也有所提升，总推进功率达到84000千瓦，最高航速与“日向”级直升机护卫舰相同。

航行中的“出云”级直升机护卫舰

动力装置对比

“日向”级直升机护卫舰

“日向”级直升机护卫舰装有OPS-20C对海搜索雷达，采用低截获率技术，大幅降低被敌方电子支援装置截收的概率。除了对海搜索外，OPS-20C雷达也有导航功能。该级舰拥有先进完善的指管通情系统，除了指挥本身护卫群所属的反潜直升机与反潜艇艇外，也能指挥P-3C以及新一代P-1反潜巡逻机协同进行反潜作战。“日向”级直升机护卫舰配备了先进的卫星通信与资料链网路系统，包含一般大气内的Link-11/14/16数据链，以及通过卫星通信传输的海上指挥管制系统（MOF）和配套的USC-42卫星通信天线与Superbird B2宽频卫星通信系统等，以实现与美军相同的三军联合作战能力。此外，也配备全球指挥管制海事系统（GCCS-M）。

“出云”级直升机护卫舰

“出云”级配备了OPS-50对空搜索雷达、OPS-28对海搜索雷达和OQQ-23声呐等侦搜设备，并拥有完善的指挥设施，包括日本构建的“海幕”卫星数据传输/指挥系统以及多种与海上自卫队、美军兼容的数字数据传输和通信系统，除了本舰的战情中心（CIC）之外，还有旗舰司令部作战中心（FIC），而多功能舱室可作为统合任务部队司令部，可容纳100名幕僚人员。

“日向”级直升机护卫舰的岛式上层建筑特写

“出云”级直升机护卫舰的雷达天线

5.3 身兼数职：西班牙“胡安·卡洛斯一世”号 VS 韩国“独岛”级

现代海军所担负的任务种类较多，各类军舰也逐渐向多用途方向发展，西班牙海军建造的“胡安·卡洛斯一世”（Juan Carlos I）号战略投送舰便是多用途军舰的典型代表。该舰融合了轻型航空母舰与两栖攻击舰的功能，但优先作为航空母舰使用，特别是在西班牙因遭逢经济困境而将“阿斯图里亚斯亲王”号航空母舰退役的状况下，由“胡安·卡洛斯一世”号接替空缺的航空母舰职责。除“胡安·卡洛斯一世”号外，韩国海军建造的“独岛”（Dokdo）级两栖攻击舰也是一种颇有特色的多用途军舰，它将两栖攻击舰、船坞登陆舰、大型运输舰、灾害救护船的功能结合于一身，能在全球大多数水域作业。

“胡安·卡洛斯一世”号战略投送舰3D模型图

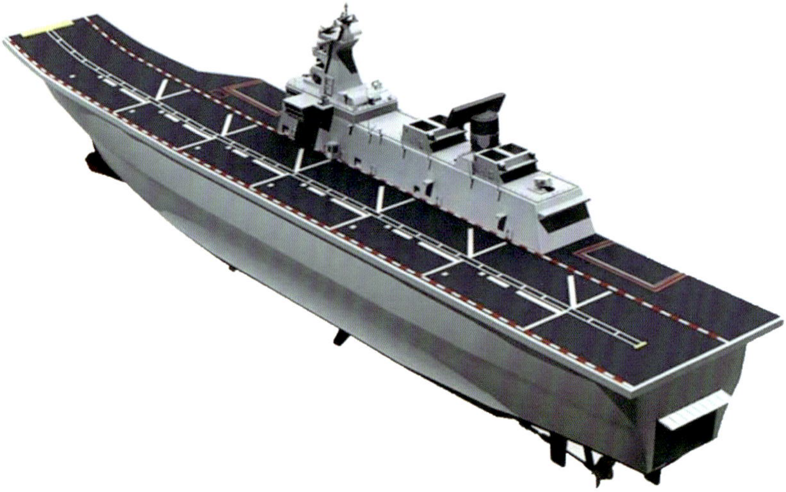

韩国“独岛”级两栖攻击舰3D模型图

基本参数对比

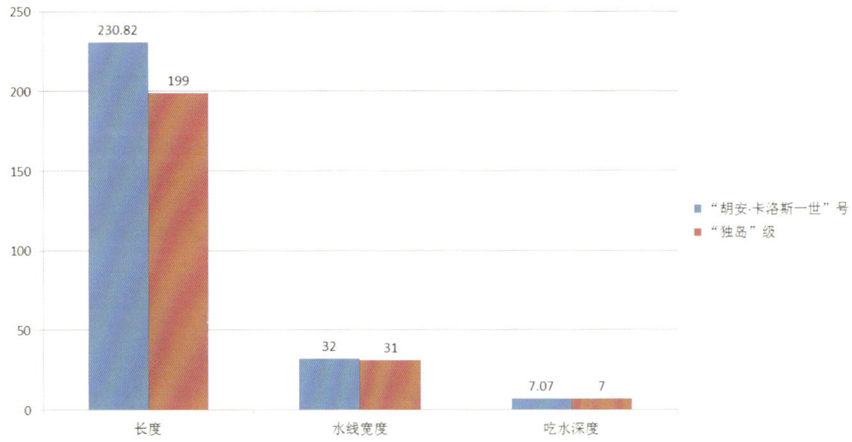

舰体尺寸对比（单位：米）

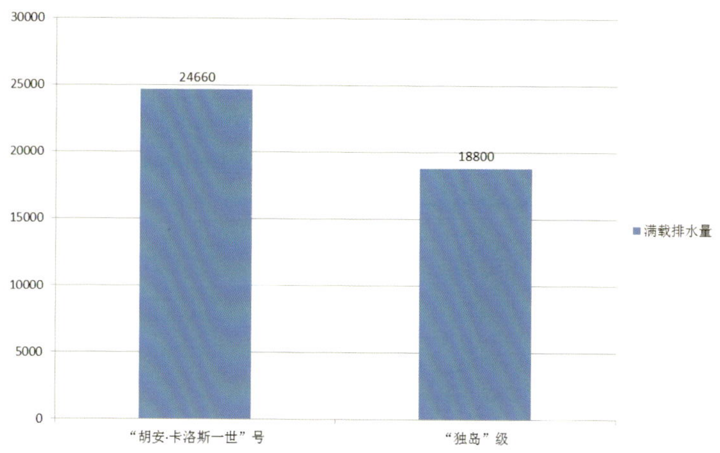

满载排水量对比（单位：吨）

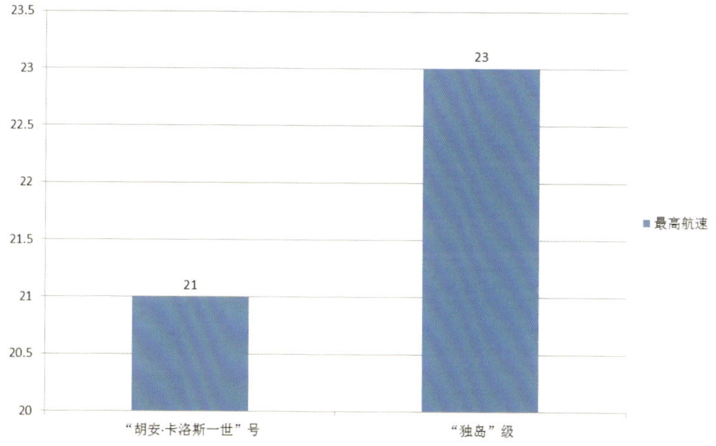

最高航速对比（单位：节）

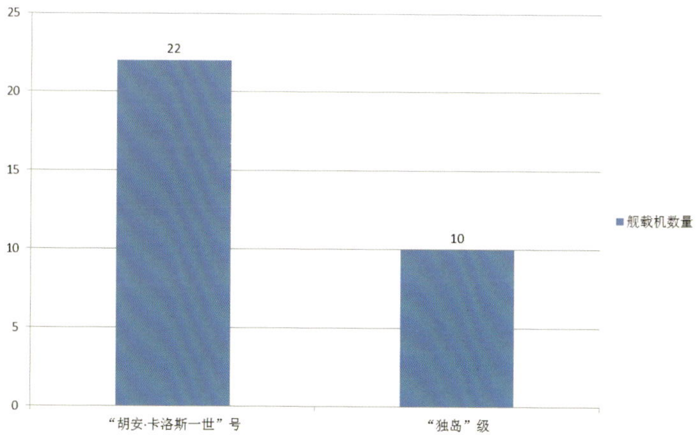

舰载机数量对比（单位：架）

压浪性，在恶劣海况下能减轻舰体的摇晃。该级舰采用钢质舰体，舰体下部各舱房互不相通，各自独立。为了提高生存性，“独岛”级两栖攻击舰在许多重要部位都加装了钢质装甲，舰内划分为5个火灾防护区域与3个核生化防护区域。

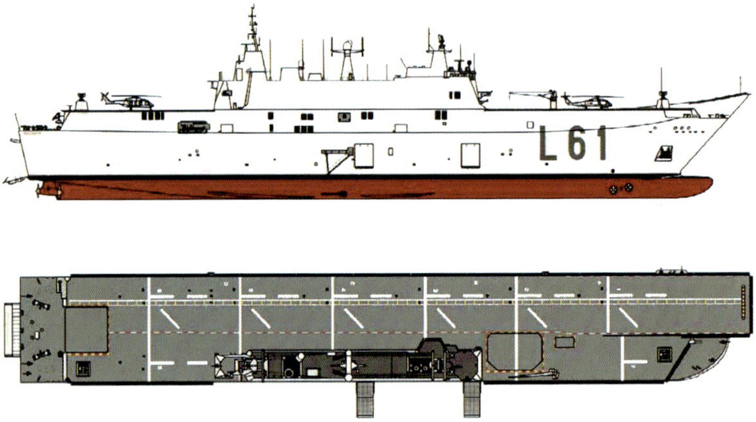

“胡安·卡洛斯一世”号战略投送舰结构图

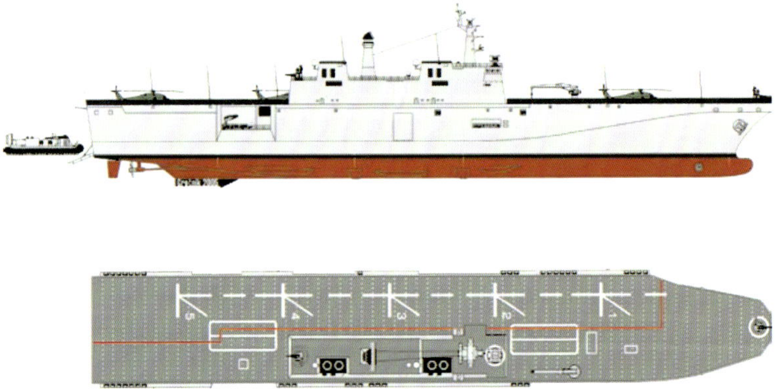

“独岛”级两栖攻击舰结构图

运载能力对比

“胡安·卡洛斯一世”号战略投送舰

由于西班牙海军现役的AV-8B攻击机的机龄已经偏高，西班牙未来将购买美国的F-35战斗机取而代之，所以“胡安·卡洛斯一世”号战略投送舰的甲板起降设施的规格与强度是配合F-35B战斗机而设计的。为了操作垂直起降机种，该舰的飞行甲板经过强化以承受较大的重量以及喷射热流，甲板前端也装有一段上翘13度的滑跃甲板。“胡安·卡洛斯一世”号战略投送舰的飞行甲板规划有8个直升机起降点（左侧6个，舰岛前后各1个），左侧有4个起降点能操作CH-47等级的重型直升机，而其中一个起降点的长度还足以操作1架美国V-22倾转旋翼机。因此，“胡安·卡洛斯一世”号战略投送舰能同时操作4架CH-47等级的重型直升机或6架NH-90/SH-3等级的中型直升机。

“胡安·卡洛斯一世”号战略投送舰搭载的AV-8B攻击机

“独岛”级两栖攻击舰

“独岛”级两栖攻击舰可以搭载10架中/大型运输直升机，其飞行甲板长179米，宽31米，飞行甲板的一侧共有5个直升机起降点，可同时供5架直升机起降操作，舰岛后方另有2个直升机停放点。机库能容纳10架SH-60直升机（或EH-101等级的直升机），并进行各类维护作业。“独岛”级两栖攻击舰的舰内坞舱长26.5米，宽14.8米，可容纳2艘LCAC气垫登陆艇或12辆AAAV两栖突击车。该级舰可搭载720名全副武装的海军陆战队员，并可携带登陆所需的装备与物资，包括主战坦克、装甲车、炮兵武器与弹药等。

“独岛”级两栖攻击舰及其舰载直升机

自卫武器对比

“胡安·卡洛斯一世”号战略投送舰

“胡安·卡洛斯一世”号战略投送舰装有4门20毫米厄利空防空机炮与4挺12.7毫米机枪等武器，并且预留了加装防空导弹垂直发射系统或美制“拉姆”短程防空导弹的空间。

“胡安·卡洛斯一世”号战略投送舰

“独岛”级两栖攻击舰

“独岛”级两栖攻击舰配备了两种自卫武器，一种是荷兰“守门员”近程防御武器系统（共有2座），另一种是美国“拉姆”短程防空导弹发射装置（共有1座）。

“独岛”级两栖攻击舰正前方视角

动力装置对比

“胡安·卡洛斯一世”号战略投送舰

“胡安·卡洛斯一世”号战略投送舰采用复合燃气涡轮机与柴油机电力推进方式，主机组合包括1台美国通用电气公司授权西班牙圣塔芭芭拉公司生产的LM2500燃气轮机（功率20兆瓦）以及2台德国MAN 3240 16V柴油机（单台功率7.7兆瓦）。总的来说，“胡安·卡洛斯一世”号战略投送舰的设计更注重适航性、装载能力和自持力，不太注重航行速度。

“独岛”级两栖攻击舰

“独岛”级两栖攻击舰采用全燃联合动力系统（COGAG），主机为4台美国通用动力公司授权三星集团生产的LM2500燃气轮机，搭配两套十分耐用的佛朗哥·托西（Franco Tosi）变速箱与齿轮组，驱动双轴五叶片可变距螺旋桨（符合MIL-S-901D A级标准以及美国海军可变距螺旋桨规范）。

■ 电子设备对比

“胡安·卡洛斯一世”号战略投送舰

“胡安·卡洛斯一世”号战略投送舰装有LANZA-N对空搜索雷达和“白羊座”水面搜索雷达。为了节省成本，该舰沿用了西班牙海军“阿尔瓦罗·巴赞”级护卫舰的部分装备，包括战场管理系统、通信装备以及电战装备等。

“胡安·卡洛斯一世”号战略投送舰的雷达天线

“独岛”级两栖攻击舰

“独岛”级两栖攻击舰拥有完善的指管通情系统，能执行两栖、水面、空中乃至于反潜作战中，相关的指挥、管制、通信、情报搜集、监视侦搜等作业。该级舰的飞行甲板与机库甲板之间设有一间面积达1000平方米的大型资讯作战中心，配备了英国宇航系统公司提供的作战管理系统。雷达方面，“独岛”级两栖攻击舰安装了SMART-L对空搜索雷达、MW08中程对空/对海搜索雷达、AN/SPS-95K导航雷达等。为了强化在近岸作战的视觉侦测能力，“独岛”级两栖攻击舰还配备了光电日/夜间监视与目标追踪系统。

“独岛”级两栖攻击舰侧后方视角

参考文献

[1] 军情视点. 海军武器大百科. 第2版. 北京：化学工业出版社，2017.

[2] 江泓. 世界武力全接触——美国海军. 北京：人民邮电学出版社，2013.

[3] 哈钦森. 简氏军舰识别指南. 北京：希望出版社，2003.

[4] 于向昕. 航空母舰. 北京：海洋出版社，2010.

[5] 海人社. 世界海军图鉴. 青岛：青岛出版社，2009.